Schnittpunkt 5

Mathematik
Rheinland-Pfalz
Lehrerband

von
Heiner Bareiß
Achim Olpp
Hartmut Wellstein

Ernst Klett Schulbuchverlag
Stuttgart Düsseldorf Berlin Leipzig

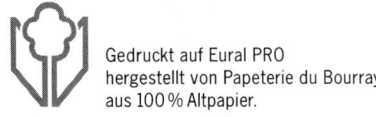
Gedruckt auf Eural PRO
hergestellt von Papeterie du Bourray
aus 100% Altpapier.

1. Auflage   1 5 4 3 2 1 | 1998 97 96 95 94

Alle Drucke dieser Auflage können im Unterricht nebeneinander benutzt werden, sie sind untereinander unverändert. Die letzte Zahl bezeichnet das Jahr dieses Druckes.
© Ernst Klett Schulbuchverlag GmbH, Stuttgart 1994. Alle Rechte vorbehalten.

Zeichnungen: Günter Schlierf, Neustadt
Umschlagsgestaltung: Manfred Muraro, Ludwigsburg
Satz: Druckhaus „Thomas Müntzer" GmbH, Bad Langensalza
Druck: Gutmann, 74388 Talheim
ISBN 3-12-741563-X

Inhalt

- I Natürliche Zahlen
- II Addieren und Subtrahieren
- III Geometrische Grundbegriffe
- IV Multiplizieren und Dividieren
- V Aussagen. Gleichungen und Ungleichungen
- VI Ebene und räumliche Figuren
- VII Spiegeln und Verschieben
- VIII Geld. Zeit. Gewicht
- **IX Länge. Flächeninhalt. Rauminhalt**

Vorwort

Jeder „Schnittpunkt"-Band wird nach demselben Grundschema aufgebaut. Die verschiedenen Lerninhalte des Lehrplans sind auf die **Kapitel** aufgeteilt. Im Band 5 sind dies neun:

  I Natürliche Zahlen
  II Addieren und Subtrahieren
  III Geometrische Grundbegriffe
  IV Multiplizieren und Dividieren
  V Aussagen. Gleichungen und Ungleichungen
  VI Ebene und räumliche Figuren
  VII Spiegeln und Verschieben
  VIII Geld. Zeit. Gewicht
  IX Länge. Flächeninhalt. Rauminhalt

Die Anordnung dieser Kapitel ist so gewählt, daß auf diese Art auch im Unterricht vorgegangen werden kann. Eine Umstellung oder andere Reihenfolge ist möglich und sollte im Ermessen des Fachlehrers stehen. So könnten z. B. die drei Geometriekapitel auch getrennt behandelt werden.

Jedes Kapitel ist dann wiederum in einzelne **Lerneinheiten** aufgeteilt, die methodisch und didaktisch aufeinander abgestimmt sind. Als Hilfe für Lehrerinnen und Lehrer und Schülerinnen und Schüler findet man in jeder Lerneinheit bestimmte Grundelemente der Aufbereitung des jeweiligen Lerninhalts.

Mit ein paar **Einstiegsaufgaben** soll die Möglichkeit geboten werden, entweder an Bekanntes anzuknüpfen, also Vorwissen, Voraussetzungen wieder beim Schüler ins Gedächtnis zurückzurufen, oder aber in einem offenen Unterrichtsgespräch das neue Thema vorzubereiten. Diese Aufgaben sind als Anregungen gedacht und können neben anderen Ideen eingesetzt werden. Die Überleitung zur zentralen Aussage der Lerneinheit besteht in einem **Lehrtext (Informationstext)**. Hier soll in einer für den Schüler verständlichen Sprache, so daß er eventuell auch selbständig nacharbeiten kann, der mathematische Inhalt hergeleitet und erarbeitet werden. Rechenverfahren werden erklärt, Begriffe erläutert, mathematischen Gesetzmäßigkeiten bewiesen oder plausibel gemacht.

Ein abschließender **Kasten** faßt das nötige Merkwissen der Lerneinheit in übersichtlicher und prägnanter Form zusammen. In den **Beispielen** werden die wichtigsten Aufgabentypen vorgestellt und Musterlösungen angeboten. In diesem „Musterteil" können die Schülerinnen und Schüler beim selbständigen Lösen von Aufgaben nachschlagen, sei es beim Üben im Unterricht oder zu Hause. Auch die häufig zu hörende Schülerfrage „Wie schreibe ich die Lösung auf?" findet hier eine Antwort. Außerdem helfen zusätzliche Hinweise, typische Schwierigkeiten und Fehlerbilder zu vermeiden. Das ist auch der Ort, wo wichtige Sonderfälle angesprochen werden.

Der **Aufgabenteil** bietet eine reichhaltige Auswahlmöglichkeit. Den Anfang bilden stets Routineaufgaben zum Einüben der Rechenfertigkeiten und des Umgangs mit dem geometrischen Handwerkzeug. Sie sind nach Schwierigkeiten gestuft. Natürlich kommen das Kopfrechnen und Überschlagsrechnen dabei nicht zu kurz. Eine Fülle von Aufgaben mit Sachbezug bieten interessante und altersgemäße Informationen und verknüpfen so nachvollziehbar Alltag und Mathematik.

Angebote . . .

. . . von Spielen, zum Umgang mit „schönen" Zahlen und geometrischen Mustern, für Knobeleien, ...
Kleine Exkurse, die interessante Informationen am Rande der Mathematik bereithalten und zum Rätseln, Basteln und Nachdenken anregen. Sie können im Unterricht behandelt oder von Schülerinnen und Schülern selbständig bearbeitet werden. Sie sollen auch dazu verleiten, einmal im Mathematikbuch zu schmökern.

Kurz vor dem Ende der meisten Kapitel befinden sich die **Themenseiten**. Hier wird der mathematische Inhalt des Kapitels unter ein bestimmtes Thema gestellt. Die Lehrerin bzw. der Lehrer hat die Möglichkeit, das auf der Themenseite angegebene Beispiel von den Schülerinnen und Schülern berechnen zu lassen oder aber die Idee aufzugreifen und das Zahlenmaterial durch die Daten der eigenen Klasse zu ersetzen.

Die Themenseiten wechseln ab zwischen zu berechnenden Seiten und Seiten mit Bastelanleitungen, dies ermöglicht einen anwendungsorientierten Unterricht.

Der **Rückspiegel** liefert am Ende jedes Kapitels Aufgaben, die sich in Form und Inhalt an möglichen Klassenarbeiten orientieren. Er gibt den Schülerinnen und Schülern die Möglichkeit, die wichtigsten Inhalte des Kapitels zu wiederholen. Die Lösungen befinden sich am Ende des Schülerbuchs.

Hinweise zur Differenzierung

Im Unterricht ist es immer wieder notwendig, bezüglich des Lerntempos und des Leistungsniveaus zu differenzieren. Hier bietet das Buch sehr viele Möglichkeiten.
Die im Lehrerband Grau unterlegten Aufgabenziffern bedeuten, daß es sich hier um Einstiegsaufgaben zur jeweiligen Lerneinheit handelt.
In jeder Aufgabenreihe ist eine kleinschrittige Stufung des Schwierigkeitsgrades zugrunde gelegt, so daß mit dem Fortschreiten in der Aufgabensequenz auch die Anforderungen erhöht werden. Zusätzliche Hinweiszeichen bei den Lösungen weisen auf Aufgaben mit deutlich erhöhtem Schwierigkeitsgrad ✶ oder Aufgaben mit hohem Arbeitsaufwand ✎ hin. Diese Aufgaben sollten nicht, oder nur nach entsprechender Aufbereitung durch den Lehrer und die Lehrerin, als Hausaufgaben gegeben werden. Anderserseits eignen sich gerade diese Aufgaben besonders gut zur inneren Differenzierung im Rahmen des Unterrichts.
Eine Vielzahl von Aufgaben mit direkt vorgegebener oder in Form eines Lösungsworts vorgegebener Lösung, eignet sich für das eigenständige Arbeiten von Schülerinnen und Schülern. Auf der einen Seite haben diese Aufgaben einen sehr hohen Aufforderungscharakter für alle Schülerinnen und Schüler, anderseits können die etwas Schnelleren damit arbeiten und für den Lehrer und die Lehrerin bleibt Zeit für die intensive Betreuung der Anderen.
Zusätzliches Übungsmaterial wird auf den Spiralblöcken ❐ angeboten, wobei hier in erster Linie viele einfache Aufgaben zur Verfügung stehen. Außerdem bieten die Vermischten Aufgaben, die nochmals einen Querschnitt und einige Lerneinheiten verbindende Aufgabentypen beinhalten, einen weiteren Fundus an Übungsmaterial.
Die roten Karten im Schülerbuch greifen besondere Schülerfehler auf und sollen die Gefahren an diesen Stellen für die Schülerin und den Schüler besonders deutlich machen.
Aufgrund dieser vielen Möglichkeiten zur Differenzierung wurde auf weitere Kennzeichnungen im Schülerband der Klasse 5 verzichtet, zumal die Schüler dieser Altersstufe damit auch häufig überfordert scheinen.
Eine gezielte Steuerung durch den Lehrer und die Lehrerin erscheint aus lernpsychologischer und pädagogischer Sicht sinnvoller.
Auf die Angabe mancher offensichtlichen Lösungen, vor allem auch im Bereich der Geometrie, wurde bewußt verzichtet.

I Natürliche Zahlen

Die oberste Bildleiste zur Ziffernschrift läßt für die Zahlen 1, 2, 3 noch die ursprüngliche Strichliste erkennen.

Die Stellenwertschreibweise bedarf notwendig eines Zeichens für unbesetzte Stellenwerte, also des Zeichens für die Null. So selbstverständlich uns heute dies ist, setzte sich die Vorstellung über die Null nur sehr langsam (und in Europa besonders langsam) durch. Noch um 1500 konkurrierte hier das römische mit dem arabischen System. Die ursprüngliche Bindung zwischen Zahl und Größe ist wohl der Grund für das Unverständnis, auf das die Null stieß. Gewiß kam in Europa auch eine gewisse ideologische Starrheit dazu. Noch im Mittelalter wurde die Null von manchen Autoren für Teufelswerk gehalten.

Der arabische Name der Null war „as-sifr", übersetzt „die Leere". Hieraus entstand lateinisch (12. Jh.) „cifra", italienisch „zero". Aus „cifra" wird deutsch (und ähnlich in anderen Sprachen) das Wort „Ziffer", das schließlich auf alle Zahlzeichen übertragen wird. Unser Wort „Null" kommt vom lateinischen „nullum", „nichts". Im Englischen hält sich für „Null" neben „zero" noch „cipher". („Ziffer" heißt dort dann „digit" vom lateinischen „digitus", „Finger".) Die Abbildung zeigt zwei Schreibvarianten aus unserem Gebiet.

Sigmaringen, 1303

Heidelberg, 15. Jh.

In der rechten Spalte der Seite wird auf die Zahlaspekte angespielt. Zahlen werden zum Zählen, Ordnen, Messen, Rechnen und Codieren gebraucht. (Mit dem letzten Begriff ist weniger an Geheimschrift gedacht als an Zuordnungen wie Telefonteilnehmer – Telefonnummer.)

1 Zahlenbilder und Strichlisten

Seite 8

1

Quadratzahlen: 1, 4, 9, 16, ...
Gruppierung $3 \cdot 7 + 2 \cdot 6 = 33$

2

Die erste Strichliste!

3

Dreieckszahlen: 1, $1 + 2 = 3$, $3 + 3 = 6$, $6 + 4 = 10$, $10 + 5 = 15$, $15 + 6 = 21$
Jedes Ergebnis ist das Zwischenergebnis für die folgende Summe.

4

Erlebnisbad

Seite 9

5

a) 3, 6, 10, 15, 21; Differenzen 3, 4, 5, ...
b) 5, 9, 13, 17, 21; Differenzen 4
c) 8, 12, 16, 20, 24; Darstellung $4 \cdot 2, 4 \cdot 3, ...$ beachten
d) 4, 9, 16, 25, 36; Differenzen 5, 7, 9, ...
e) 2, 6, 18, 54; abwechselnd wird in waagerechter und senkrechter Richtung verdreifacht.

6

Hier werden die Strecken gezählt.

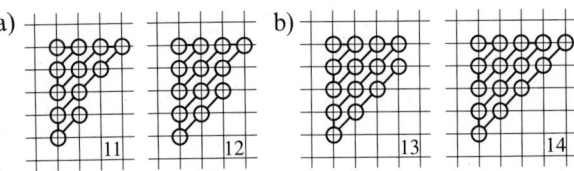

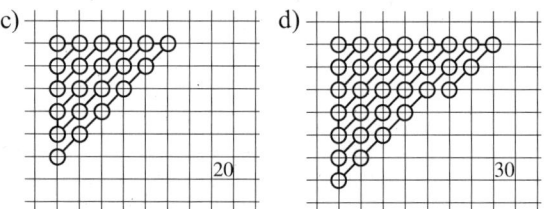

7

a) 2, 4, 8, 16, 32 Blätter   b) 3, 9, 27, 81 Blätter

8

Abzählen in Reihen
a) rot: $8 \cdot 8 = 64$ b) blau: $4 \cdot 4 + 2 \cdot 8 = 32$
c) grün: $4 \cdot 8 = 32$

9

$1 + 4 = 5$; $5 + 9 = 14$; $14 + 16 = 30$;
die Pyramiden wachsen jeweils um eine Schicht.

10

Weitgehend gleiche Häufigkeit könnte darauf hinweisen, daß das Ergebnis „geschönt" ist. Die Ergebnisse der einzelnen Schülerinnen und Schüler könnten zu einem Gesamtergebnis vereinigt werden, das näher am Erwartungswert liegen sollte.

Seite 10

11

a) Das Ergebnis 7 sollte am häufigsten, die Ergebnisse 2 und 12 sollten am seltensten sein.
b) Für das Zustandekommen der Summe 7 gibt es sechs Möglichkeiten, für die Summen 2 und 12 nur je eine.

12

a)

6	3	17
12	2	10
14	3	5

b) Die Klassen 7 und 8 sind unterrepräsentiert.

Anordnung und Zahlenstrahl

13
a) Unentschieden bei je 13 Stimmen
b) 26

14
a) 683, 8594
b)

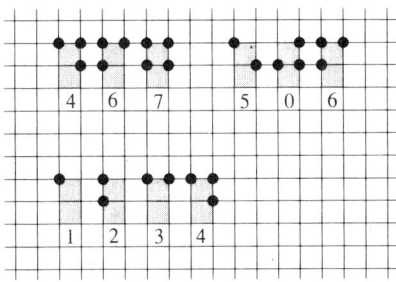

15
a) 7, 12, 22, 40, 45, 36, 32, 33, 23, 22, 18
b) 22

2 Anordnung und Zahlenstrahl

Seite 11

1
a) Die Zahl liegt rechts der Ziffern 0 bis 9.
b) Benachbarte Kärtchen werden genau dann vertauscht, wenn das linke einen höheren Wert als das rechte zeigt. Wie man auch vorgeht, es sind stets 7 Züge notwendig. Ein systematisches Vorgehen könnte darin bestehen, der Reihe nach die Ziffern 0, 1, ... in die richtige Position zu bringen.
c) Die minimale Anzahl von Zügen ist 5.
Beispiel: 2 3 5 0 1 4
           0 3 5 2 1 4
           0 1 5 2 3 4
           0 1 2 5 3 4
           0 1 2 3 5 4
           0 1 2 3 4 5

2
Die Lottozahlen lauten:
5 — 9 — 16 — 17 — 23 — 37 — Zusatzzahl 14

3
Kalender, Hausnummern, Seitenzahlen im Buch, Gewinnzahlen, ...

Seite 12

4
11, 44, 72, 84;
70, 140, 300, 390, 450, 470

7
a) 12 < 14   b) 15 > 9   c) 21 < 52
   34 < 43   16 < 55   32 > 21
   0 < 12   17 > 0   111 > 99

8
a) 3   b) 6   c) 11   d) 9   e) 10   f) 0

9
a) 67 > 55 > 34 > 22 > 12 > 9
b) 480 > 475 > 319 > 256 > 230 > 198
c) 854 > 845 > 584 > 548 > 485 > 458

10
Im Schaltjahr: Frank, Barbara, Anton, Lars, Steffen, Peer, Simone, Yvonne, Jutta, Marcus
Im Normaljahr haben Barbara und Anton am gleichen Tag Geburtstag.

11
a) 418, 419, 420 und 422, 423, 424
b) 684 und 686, ..., 690
c) 754, 755 und 757, 758, 759

12
Strauß (150 kg), Karett-Schildkröte (360 kg), Elch (800 kg), Grizzly-Bär (1200 kg), Walroß (1500 kg), Flußpferd (3200 kg), Afrikanischer Elefant (6000 kg), Blauwal (123 t)

13

Carlo ist am schwersten, denn er ist schwerer als Jutta. Jutta ist schwerer als Ute, diese schwerer als Peter.

14

a) 7, 14, 28, 66, 98, 162, 554, 820, 900
b) 9, 29, 99, 699, 789, 1000, 999
c) 5788, 6665, 9999, 18999, 37999, 47998, 99989

15

a) 5, 17, 24, 58, 98, 146, 667, 999
b) 10, 50, 100, 490, 700, 1000, 2000
c) 1391, 2500, 13000, 34900, 47100, 80000, 100000

16

a) 26, 28; 4, 6; 37, 39; 177, 179; 221, 223; 863, 865; 522, 524; 776, 778
b) 8, 10; 98, 100; 199, 201; 598, 600; 709, 711; 998, 1000; 999, 1001; 1109, 1111
c) 3688, 3690; 4979, 4981; 18939, 18941; 21699, 21701; 499989, 499991; 199998, 200000

3 Das Zehnersystem

Seite 13

1

Die Zahl muß möglichst viele Ziffern haben, und die großen Ziffern müssen vorne stehen. Aus 4 Hölzchen kann man zwei Einsen legen.
Also: 999911

2

Um Einer- oder Zehnerüberschreitung zu vermeiden. 10,00 DM ist gefühlsmäßig mehr als 9,99 DM.

Seite 14

6

a) 6374   b) 5703   c) 19058   d) 12320   e) 14014

8

a) 5764   b) 46832   c) 90403   d) 11010   e) 7803
f) 64031 g) 60409   h) 5555

12

a) 647 < 653 < 655 < 698 < 700 < 801
b) 92 < 101 < 245 < 278 < 538 < 724 < 1010
c) 4537 < 4638 < 4737 < 4997 < 5012 < 5449
d) 43756 < 45392 < 46583 < 53657 < 56494

13

a) 888 < 889 < 898 < 899 < 989 < 998 < 999
b) 1001 < 1010 < 1011 < 1100 < 1101 < 1110
c) 5566 < 5656 < 5665 < 5666 < 6565 < 6655
d) 4477 < 4744 < 4774 < 7447 < 7474 < 7747

14

a) 7, ..., 9   b) 0 und 3, ..., 9
c) 1 oder 2 und 9 und 5, ..., 9 und 3, ..., 9

15

a) „neunzehnhundert..." statt „eintausendneunhundert..."
b) 1800, 1818, 1808

16

a) 4T 3H 2Z 1E
b) 1ZT
c) 6T 3H 3Z 3E
d) 4T 4H 4Z 4E
Die „Korrektur" läuft von rechts nach links; Überträge! Auch in Ziffern geschriebene Ergebnisse sind zulässig.

17

a) 36789; 98763   b) 30468; 86430
Kleinste Zahl: Falls keine Null vorkommt, folgen die Ziffern von links nach rechts mit aufsteigendem Wert. Kommen Nullen vor, so folgen diese auf die erste Ziffer. Größte Zahl: Die Ziffern folgen von links nach rechts mit absteigendem Wert.

Das Zehnersystem

Seite 15

18 ✷

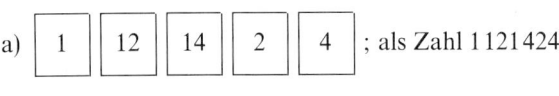

a) | 1 | 12 | 14 | 2 | 4 | ; als Zahl 1 121 424

b) | 4 | 2 | 14 | 12 | 1 | ; als Zahl 4 214 121

Die Verkopplung der Ziffern auf den Kärtchen mit zweistelligen Zahlen verhindert die Lösung gemäß Aufgabe 17.
Lösungsstrategie für a) „möglichst viele niedrige Ziffern möglichst weit links".
Lösungsstrategie für b) entsprechend.
Vgl. auch LE 4, Aufgabe 8

19 ✷

Das Endergebnis 965 443 ist auf verschiedenen Wegen, aber jedesmal in 7 Schritten zu erreichen.

20

321 > 312 > 231 > 213 > 132 > 123

21 ✷

1 Zahl mit 3 Dreien: 333
18 Zahlen mit 2 Dreien: 3*3 mit mittlerer Ziffer ungleich 3
33* mit Endziffer ungleich 3
Alle übrigen Zahlen bis 399 (ihre Anzahl ist 100 − 18 − 1 = 81) haben eine Ziffer 3. Es sind also insgesamt 3 + 36 + 81 = 120 Dreien.

Andere Überlegung:
1. Ziffer 3: 100 Dreien
2. Ziffer 3, 3. Ziffer beliebig: 10 Dreien
3. Ziffer 3, 2. Ziffer beliebig: 10 Dreien

22

a) 119   b) 940
c) 103, 112, 121, 130, 202, 211, 220, 301, 310, 400

23

Hier spielen, wie stets beim Würfeln, Zufall und Strategie zusammen. Man kann in Partnerspielen oder kleinen Gruppen eine bestimmte Anzahl von Spielrunden (z. B. 19) festlegen und für jede Runde einen Punkt vergeben. Sieger ist derjenige, der die meisten Punkte hat. Als Variante kann als Ziel auch eine möglichst kleine Zahl gesucht werden.
Im Kapitel Addition kann das Spiel nochmals aufgenommen werden. Sieger wird derjenige, der nach den gespielten Runden den größten (kleinsten) Summenwert erreicht hat.

Weiterführende Anmerkungen:
Soll das Spiel durchschaut werden, so kann man es zunächst mit zwei Würfeln spielen lassen. Das beste durchschnittliche Ergebnis (also den höchsten Erwartungswert) erhält man, wenn eine im 1. Wurf fallende 6, 5 oder 4 zur Zehnerziffer, eine 3, 2, oder 1 zur Einerziffer gemacht wird. Der zweite Wurf liefert die fehlende Ziffer. Der Erwartungswert beträgt dann

$10 \cdot \frac{1}{6} \cdot (6 + 5 + 4 + 3 \cdot 3{,}5) + \frac{1}{6} \cdot (3 + 2 + 1 + 3 \cdot 3{,}5) = 45{,}25.$

Bei wahllosem Setzen der Ziffern beträgt er nur

$10 \cdot 3{,}5 + 1 \cdot 3{,}5 = 38{,}5.$

Beim Spielen mit drei Würfeln setzt man, um den höchsten Erwartungswert zu erhalten, nach dem 1. Wurf 6 oder 5 auf die Hunderterstelle, 4 oder 3 auf die Zehnerstelle, 2 oder 1 auf die Einerstelle. Nach dem 2. Wurf wird 6, 5 oder 4 auf die höhere, 3, 2 oder 1 auf die niedrigere der zwei freien Stellen gesetzt.
Beim Spiel mit vier Würfeln setzt man nach dem 1. Wurf 6 oder 5 auf die Tausenderstelle, 4 auf die Hunderterstelle, 3 auf die Zehnerstelle und 2 oder 1 auf die Einerstelle. Weiter verfährt man sinngemäß wie beim Spiel mit drei Würfeln. Der Erwartungswert bei dieser optimalen Strategie beträgt 5374. Er liegt weit über dem Zufallswert 3888,5.
Die Beweise für alle diese Feststellungen sind im Prinzip nicht schwierig, erfordern aber einige Rechnung.
Der Grundgedanke kann auch Schülerinnen und Schülern vermittelt werden: Warte mit der Besetzung einer hohen Stelle so lange, bis eine hohe Augenzahl fällt!

4 Große Zahlen

Seite 16

2

Ergebnis 89 000 000; es ändern sich 7 Ziffern.

Seite 17

5

a) 1 Million   b) 100 Millionen   c) hunderttausend
d) 10 Millionen   e) 100 Milliarden

6

a) 3 452 500   b) 33 000 000   c) 59 990 000   d) 900 000 000

7

a) 499 999   b) 790 900   c) 1 014 899   d) 6 991 999

8 ✳

a) | 4 | 41 | 2 | 18 | 173 | 0 |

Eine Lösungsstrategie ergibt sich aus zwei Erkenntnissen: Die Reihenfolge der Kärtchen wird zunächst durch die Anfangsziffer bestimmt. Für Kärtchen mit derselben Anfangsziffer betrachte man die Beispiele 4 und 41 bzw. 4 und 45. Die Reihenfolge hängt also davon ab, ob die 2. Ziffer des 2. Kärtchens größer oder kleiner ist als die Ziffer auf dem ersten Kärtchen. Schematisch könnte man also so vorgehen: Bringe alle Zahlen durch (evtl. mehrmaliges) Wiederholen der Endziffer auf gleiche Länge. Ordne dann die neuen Zahlen nach absteigender Größe und streiche die hinzugefügten Ziffern wieder weg.

b) | 173 | 0 | 18 | 2 | 41 | 4 |

Die Strategie entspricht der von a), außer daß Nullenkärtchen erst an zweiter, dritter ... Stelle gelegt werden können.

10

Hering – Zander – Karpfen – Stör – Kabeljau – Steinbutt

11 ✳

a) 711 111 111
Lösungsidee: Möglichst viele Ziffern legen, also möglichst viele „holzsparende" Einsen. Die verbleibenden drei Hölzchen geben die Ziffer 7; diese ist mehr wert als die Ziffer 1 und kommt also nach vorne.

b) 288
Lösungsidee: Gegenteil von a)

5 Zehnerpotenzen

Seite 18

1

a) 58 000 000 km   b) Pluto 5 917 000 000 km
c) Venus und Mars

2

a) 8 Nullen   b) Die 8 zeigt die Anzahl der Nullen
c) $11 \cdot 10^7$

Seite 19

5

	Billionen			Milliarden			Millionen			Tausender					
	B	HMd	ZMd	Md	HM	ZM	M	HT	ZT	T	H	Z	E
	10^{12}	10^{11}	10^{10}	10^9	10^8	10^7	10^6	10^5	10^4	10^3	10^2	10^1	10^0
Merkur						5	8	0	0	0	0	0	0
Venus					1	0	8	0	0	0	0	0	0
Erde					1	5	0	0	0	0	0	0	0
Mars					2	2	8	0	0	0	0	0	0
Jupiter					7	7	8	0	0	0	0	0	0
Saturn				1	4	2	8	0	0	0	0	0	0
Uranus				2	8	7	3	0	0	0	0	0	0
Neptun				4	5	0	2	0	0	0	0	0	0
Pluto				5	9	1	7	0	0	0	0	0	0

4
a) 1, 10, 100, 1000, 100000, 100000000, 10000000000, 100000000000
b) 3, 50, 8000, 800000, 400000000, 100000000000
c) 120, 38000, 340000, 9900000000, 670000000000
d) 14500000, 698, 56780, 289770000000000

5
a) $10^1, 3 \cdot 10^1, 4 \cdot 10^1, 9 \cdot 10^1, 8 \cdot 10^1, 10^2$
b) $3 \cdot 10^2, 4 \cdot 10^2, 5 \cdot 10^2, 7 \cdot 10^2, 8 \cdot 10^2, 9 \cdot 10^2$
c) $5 \cdot 10^6, 6 \cdot 10^7, 8 \cdot 10^4, 2 \cdot 10^3, 9 \cdot 10^7$
d) $17 \cdot 10^3, 25 \cdot 10^5, 39 \cdot 10^6, 53 \cdot 10^2, 99 \cdot 10^3$

6
a) $3 \cdot 10^8$ m/s   b) $33 \cdot 10^1$ m/s
c) $4 \cdot 10^4$ km   d) $5977 \cdot 10^{21}$ kg

7
$18 \cdot 10^6$

8
a) 707 000 000   b) 39 000 000
c) 3 128 000 000   d) 5 202 000 000
e) 78 400 000

9
a) 53   b) 830   c) 700 001
d) 3 009 000   e) 600 740 000   f) 708 000 000

10 ✻
a) 750   b) 93   c) 5 340 000 000
d) 808 008   e) 40 590 000 035

11 ✻
a) $3 \cdot 10^1$ b) $4 \cdot 10^1 + 5 \cdot 10^0$ c) $1 \cdot 10^2 + 2 \cdot 10^1$
d) $2 \cdot 10^2$ e) $2 \cdot 10^2 + 2 \cdot 10^1$
f) $3 \cdot 10^2 + 4 \cdot 10^1 + 5 \cdot 10^0$
g) $3 \cdot 10^3 + 6 \cdot 10^2 + 3 \cdot 10^1$
h) $4 \cdot 10^3 + 7 \cdot 10^2 + 9 \cdot 10^1 + 8 \cdot 10^0$
i) $3 \cdot 10^4 + 8 \cdot 10^3$ j) $5 \cdot 10^4 + 4 \cdot 10^3 + 9 \cdot 10^2$
k) $7 \cdot 10^4 + 6 \cdot 10^3 + 7 \cdot 10^2 + 8 \cdot 10^1$
l) $1 \cdot 10^5 + 1 \cdot 10^4 + 1 \cdot 10^3 + 1 \cdot 10^2 + 1 \cdot 10^1 + 1 \cdot 10^0$

12 ✻
$5000 \cdot 110000 = 550\,000\,000 = 55 \cdot 10^7$
Man hätte $5 \cdot 11$ rechnen und die Nullen zusammenzählen und anhängen können.

6 Runden und Darstellen

Seite 20

1

Runden gibt Übersicht.
Landesmuseum: 103 000; Stadion: 35 000

Seite 21

2 ✎
a) 3240, 3200, 3000
   8760, 8800, 9000
   1110, 1100, 1000
b) 7360, 7400, 7000
   1910, 2000, 2000
   9880, 9900, 10000
c) 4300, 4300, 4000
   3810, 3800, 4000
   4280, 4300, 4000
d) 5999, 6000, 6000
   46240, 46200, 46000
   74640, 74600, 75000
e) 6000, 6000, 6000
   34890, 34900, 35000
   81950, 82000, 82000
f) 10000, 10000, 10000
   87460, 87500, 88000
   63670, 63700, 64000

21–22

Runden und Darstellen

3
a) 147000, 150000, 100000
b) 932000, 930000, 900000
c) 141000, 140000, 100000
d) 908000, 910000, 900000
e) 781000, 780000, 800000
f) 321000, 320000, 300000
g) 4895000, 4890000, 4900000
h) 2868000, 2870000, 2900000
i) 3790000, 3790000, 3800000

4
a) 23 Mill.   b) 3 Mill.   c) 68 Mill.   d) 6 Mill.
e) 99 Mill.   f) 5 Mill.   g) 289 Mill. h) 25 Mill.
i) 355 Mill. k) 24 Mill.

5
6482519070
6482519100
6482519000
6482520000
6482500000
6483000000
6480000000
6500000000
7000000000

6
a) 650, 700; 600   b) 550, 600; 500
c) 850, 900; 800   d) 540, 500; 500
e) 150, 200; 200   f) 1150, 1200; 1100
g) 950, 1000; 900   h) 1950, 2000; 1900
i) 3990, 4000; 4000

7
Jeweils in DM
a) 35   b) 48   c) 20   d) 122   e) 6
f) 101   g) 2   h) 1982 i) 100   k) 53
l) 498   m) 766

8
Alle Zahlen von 24650 bis 24749.

Seite 22

9
a) Leverkusen 12500, Bochum 12600,
Kaiserslautern 15600, Köln 23800, Hamburg 29700,
Nürnberg 33600, München 43600, Stuttgart 44700
b) Leverkusen und Bochum 13000,
Kaiserslautern 16000, Köln 24000, Hamburg 30000,
Nürnberg 34000, München 44000, Stuttgart 45000.

10
Etwa $\frac{2}{3}$ bzw. $\frac{1}{3}$ von 1000, also etwa 670 bzw. 330.

11
Mount Everest 8800 m, Aconcagua 7000 m, Mt. McKinley 6200 m, Kilimandscharo 5900 m, Puntjake Djaya 4900 m, Mont Blanc 4800 m, Zugspitze 3000 m.

12
Augsburg 250000, Bochum 400000, Essen 620000, Karlsruhe 270000, Mainz 190000, München 1230000, Stuttgart 560000, Würzburg 130000.

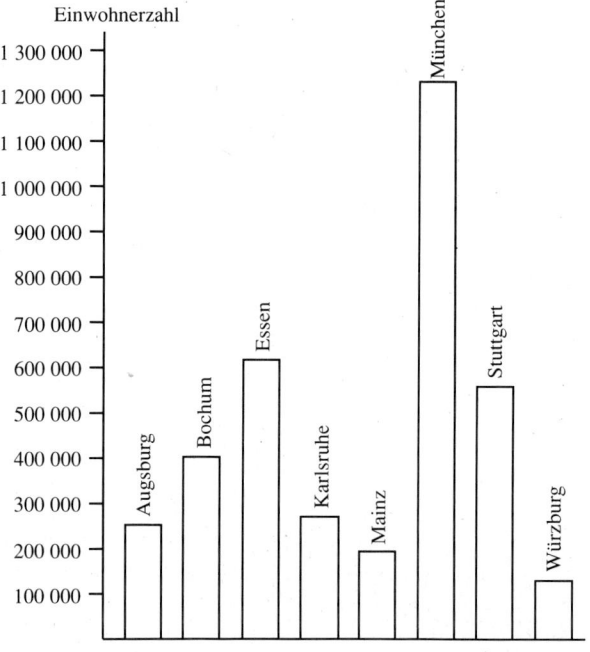

Runden und Darstellen

13
Die Werte sind maximale Höhen.

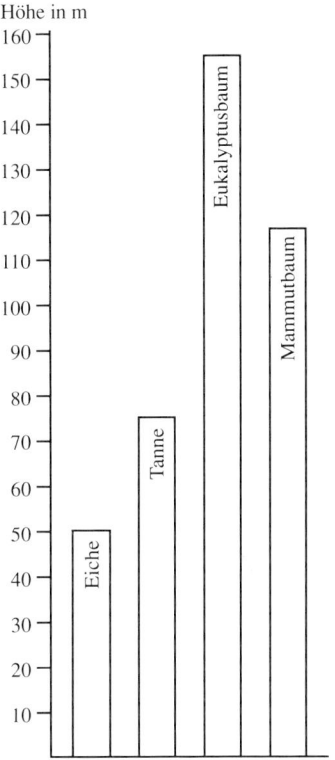

14
a)

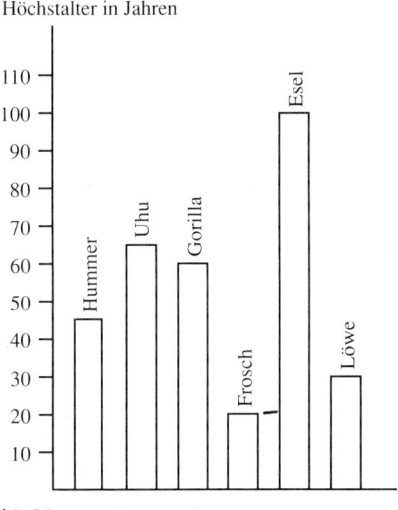

b) 20 cm, 50 cm, 4 m

15
Geeigneter Maßstab: 50 km/h entspricht 1 Kästchen.

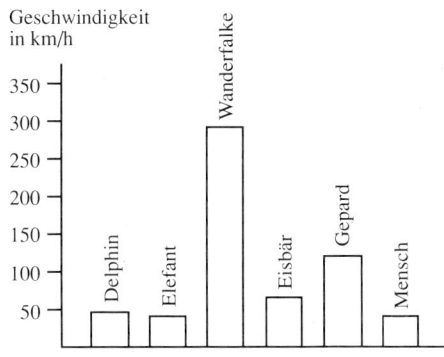

16
20 cm/Tag entspricht 1 Kästchen.

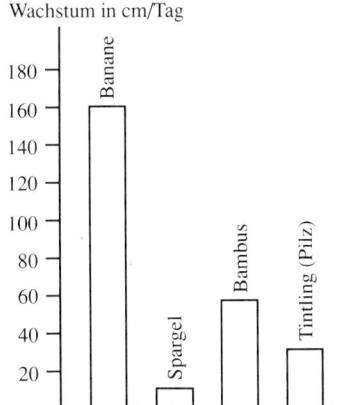

7 Das Zweiersystem

Seite 23

1
Von links nach rechts lesen; 0 bedeutet: „Zweige nach links ab!"; 1 bedeutet: „Zweige nach rechts ab!"

2

Alle Finger: 16 + 8 + 4 + 2 + 1 = 31
Jeder betrachtet seinen eigenen Handrücken. Welches Mißverständnis dabei entstehen kann, zeigt Aufgabe 10.

Seite 24

3
a) 2 b) 3 c) 6 d) 8 e) 15 f) 21 g) 51
h) 56 i) 33 k) 42

4
1010_2, 1011_2, 1100_2, 1101_2, 1110_2, 1111_2,
10000_2, 10001_2, 10010_2, 10011_2, 10100_2,
10101_2, 10110_2, 10111_2, 11000_2

5
a) 11010_2 b) 11101_2 c) 11111_2 d) 101000_2
e) 101101_2 f) 110001_2 g) 110111_2 h) 111100_2
i) 111111_2

7
a) 11_2; 100_2; 111_2
b) 1_2; 11_2; 111_2

8
1000_2, 1001_2, 1010_2, 1011_2, 1100_2, 1101_2, 1110_2, 1111_2
Im Zehnersystem: 8, 15

9 ✳
$2^5 + 2^1 = 32 + 2 = 34$
$2^7 + 2^5 + 2^3 + 2^2 + 2^0 = 128 + 32 + 8 + 4 + 1$
$= 173$
$2^9 + 2^8 + 2^7 + 2^6 + 2^5 + 2^4 + 2^3 + 2^2 + 2^1 + 2^0$
$= 512 + ... + 1 = 1023$

10 ✳

Kerstin liest von den Handinnenseiten 8 + 32 = 40 ab. Özcan will aber mit dem linken Daumen und dem rechten Zeigefinger 16 + 32 = 48 zeigen.
(Es hilft, wenn man die Buchseite von der Rückseite gegen das Licht betrachtet).

11
29. 2. 79

12
Die Endziffer 0 kennzeichnet die geraden Zahlen.

13
Vervielfachung mit 2

14
Wenn „0" bedeutet „Nimm den linken Weg" und „1" das Gegenteil, so muß die Geheimzahl 11011 lauten. Die Vertauschung gibt 10111 und die Suche endet beim Totenkopf.

8 Römische Zahlzeichen

Seite 25

Vorbemerkung: Gelegentlich werden noch zusätzliche Regeln angegeben. Da die Schreibweise im Verlauf der Jahrhunderte Änderungen unterworfen war, halten wir dogmatische Festlegungen für nicht angebracht. „Die" Regeln für das Schreiben von Zahlen mit römischen Zahlzeichen gibt es nicht.

1
Die Abbildung ist als Scherz zu verstehen. In Wirklichkeit rechneten und schrieben die Römer auf Wachstafeln.

25–27 Römische Zahlzeichen

2
1656

3
a) CXX, CXXI, CXXII, CXXIII, CXXIV, CXXV, CXXVI, CXXVII, CXXVIII, CXXIX
b) MCDLXXXIX, MCDXC, MCDXCI, ..., MCDXCVIII, MCDXCIX, MD
c) MDCM, MDCMI, ..., MDCMIX, MM

4
a) 17   b) 19   c) 26
d) 41   e) 79   f) 88
g) 91   h) 149   i) 1757
j) 952   k) 1117   l) 2909

Seite 26

5 ✎
a) LVII, LXXXIX, XCI, CX
b) CXIX, CXLV, CCXXXIV, CDLIX
c) DCIC, DCCLXXXII, DCCCIC, CMLXXVIII
d) MVIII, MCDLVI, MDCIL, MDCCXCV

7
a) 1723   b) MCMLXXIX

8
a) 1969, 1849, 1239, 1414, 1964
b) MDLXV, MDCLXXV, MDCCCLXXXVIII

9
a) IX   b) XL   c) CXL
d) CD   e) MCDXI   f) DXLIV

10
51, 83, 72, 123, 150, 237
Die Schreibweise XXC für 80 ist verbürgt.

11 ✱
Nach Größe geordnet: MDCCVVVVVIII
In richtiger Darstellung: MDCCXXVIII
Jahreszahl: 1728

Streichholzscherze

II + I = III   VII + I = VIII
V + I = VI   V + V = X
III = V − II   X + I = XI

XIV + I = XI

---

9 Vermischte Aufgaben

Seite 27

1
a) 1, 4, 13, 40, ...
b) 1, 3, 6, 10, ...
c) 1, 7, 17, 31, 49, ...
Die Differenzen sind hier 6, 10, 14, 18, ...

2
a) 13, 18, 23, 28, ...
b) 21, 28, 35, 42, ...
c) 9, 17, 25, 33, ...

4 ✱
a) 100001 < 100011 < 100111 < 101010 < 110011 < 110101 < 111000 < 111001
b) 733337 < 733737 < 737737 < 737777 < 773337 < 773377 < 773773

5
a) Anders, Bender, Faller, Hinze, Huber, König, Lang, Meyer, Schmitt, Schneider, Tamm, Zacharias.
Der Anfangsbuchstabe allein genügt nicht zum Ordnen, aber es ist klar, daß dann die weiteren Buchstaben den Ausschlag geben.

Vermischte Aufgaben

Seite 27–28

b) 17. 5. 1981 Faller
9. 4. 1981 Schneider
10. 3. 1981 Zacharias
26. 2. 1981 Hinze
1. 2. 1981 Lang
11. 1. 1981 Schmitt
11. 1. 1981 König
13. 12. 1980 Huber
27. 11. 1980 Bender
1. 11. 1980 Tamm
15. 6. 1980 Anders
6. 5. 1980 Meyer

König und Schmitt stehen auf dem gleichen Rangplatz.

6

Albach, Auer, Beck, Bülek, Dittlof, Dupont, Foster, Gonzaga, Hansen, Heine, Kaiser, Klein, Lehmann, Maier, Melao, Panone, Reger, Sörensen, Vandoren, Wagner, Weber.

7

a) 100, 100, 100, 100, 200, 200
b) 1000, 1000, 1000, 0, 2000, 2000

8

Belgien	10 Mill.
Frankreich	54 Mill.
Großbritannien	56 Mill.
Irland	4 Mill.
Niederlande	14 Mill.
Schweiz	6 Mill.
Bulgarien	9 Mill.

Rangfolge nach Einwohnerzahl: Irland, Schweiz, Bulgarien, Belgien, Niederlande, Frankreich, Großbritannien.

Seite 28

9

a)
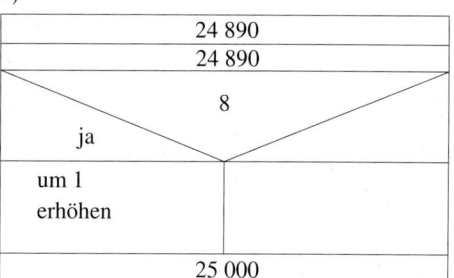

b)
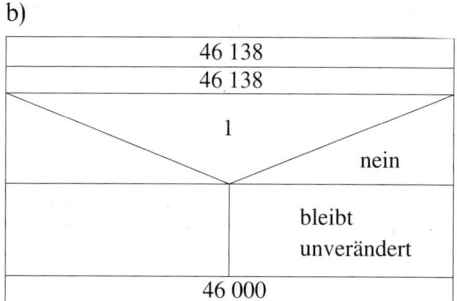

c)
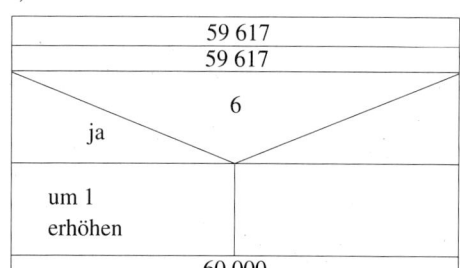

11

Ätna 3300 m, Cotopaxi 5900 m, Vesuv 1300 m, Fudschijama 3800 m, Kilimandscharo 5900 m, Manna Loa 4200 m

12

a) 102   b) 125   c) 85   d) 64   e) 204
f) 147   g) 255   h) 144

13 ✶

a) 14, 15, 21, 22, 25   b) 022, 100, 122, 200, 220

14 ✎

a) $61 = 1 \cdot 32 + 1 \cdot 16 + 1 \cdot 8 + 1 \cdot 4 + 0 \cdot 2 + 1 \cdot 1$
$= 111101_2$

Man erkennt: Die Folge der Reste ergibt, von unten nach oben gelesen, die Darstellung im Zweiersystem.

b) $46 : 2 = 23$ Rest 0 $5 : 2 = 2$ Rest 1
$23 : 2 = 11$ Rest 1 $2 : 2 = 1$ Rest 0
$11 : 2 = 5$ Rest 1 $1 : 2 = 0$ Rest 1

Also: $46 = 101110_2$

Die weiteren Ergebnisse erscheinen in abgekürzter Notation: Man schreibt nur die Quotienten der Division durch 2 und dahinter eine 0, falls der Quotient gerade ist, andernfalls eine 1.

79	1		100	0
39	1		50	0
19	1		25	1
9	1		12	0
4	0		6	0
2	0		3	1
1	1		1	1

Also: $79 = 1001111_2$ $100 = 1100100_2$

258	0		654	0
129	1		327	1
64	0		163	1
32	0		81	1
16	0		40	0
8	0		20	0
4	0		10	0
2	0		5	1
1	1		2	0
			1	1

$258 = 100000010_2$

$654 = 1010001110_2$

Zur weiteren Erklärung siehe Aufgabe 15.

Seite 29

15 ✶

Regel: In der zweiten Zeile wird mit 1 begonnen, dann mit 2 multipliziert und die darüberstehende Zahl addiert. Mit den Zwischenergebnissen wird ebenso verfahren.

Das Verfahren entspricht dem Horner-Schema zur Auswertung von Polynomen (hier mit den Koeffizienten 0 oder 1). Geht man den Rechenweg vom Endergebnis her rückwärts durch, so ergibt sich die Umwandlung von Dezimal- ins Dualsystem gemäß Aufgabe 14.

a)
1	1	0	1	0	1	0	1
1	3	6	13	26	53	106	213

b)
1	0	0	1	1	0	0	1
1	2	4	9	19	38	76	153

c)
1	0	0	0	1	1	1	1	0
1	2	4	8	17	35	71	143	286

d)
1	0	1	1	1	1	0	1	1
1	2	5	11	23	47	94	189	379

16 ✎

a) ICH LADE | DICH ZUM | GEBURTS | TAG EIN
(Mit dem senkrechten Strich | wird die Zeilenschaltung im Schülerbuch angegeben)

17 ✶

a) Die Münzen 1, 2, 2, 5 ergeben die Werte von 1 bis 10. Die Münzen 10, 10, 20, 50 ergeben die Werte 10, 20, ..., 90. Die Münzen 100, 100, 200 ergeben die Werte 100, 200, 300, 400. Also können alle Werte von 1 Pf bis 500 Pf zusammengestellt werden.

b) Gäbe es Münzen mit Zweierpotenzen als Wert, so reichten die 9 Geldstücke mit den Werten 1, 2, 4, ..., 256 Pf, um alle Beträge von 1 Pf bis 500 Pf (sogar bis 511 Pf) zusammenzustellen.

Korrektur im Schülerbuch zum Rückspiegel, Seite 32: Aufgabe 10a), Lösung (Seite 212): Die 6. Zahl muß 13 heißen, nicht 8.

Themenseite: Eine neue Klasse

Die neun Aufgaben sind eine Anregung, die Gruppendynamik der Klasse zu fördern. Alle Aufgaben können auf die eigene Klasse übertragen werden. Durch die Behandlung der Aufgaben lernen sich die Schülerinnen und Schüler kennen.

Seite 30

1
a) 24   b) 11 Mädchen, 13 Jungen   c) 2 Jungen

2
a) Nena, Kirsten, Timo, Kai, Tina, Fenna, David, Daniel, Nino, Ina, Ottmar, Alain, Kerstin, Insa, Clemenz, Nicole, Danja, Elmar, Frerk, Etna, Achmed, Tobias, Erik, Gundula.
b) Erik, Gundula
c) (Hier ist eine Strichliste sehr hilfreich!)
Januar, März, August

3
a) 3, 6, 2   b) 5, 14, 5   c) 50 + 154 + 60 = 264

4
Hier kann auch ein großer Kalender für den Klassenraum hergestellt werden.

Seite 31

5
a)

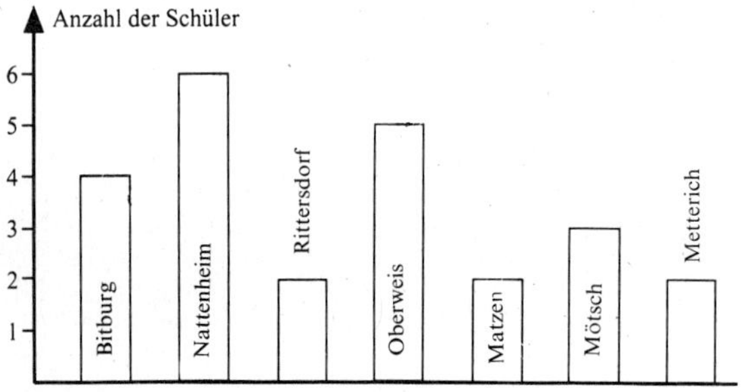

b) Von Oberweis sind es etwa 9 km.
c) ca. 6 km

6
a) Fahrrad: 2 Fahrräder
Bus: 18 Busse
Fuß: 2 Fußgänger.

7
a) 7.45 Uhr oder früher
b) 13.55 Uhr oder später

8
a) Achmed ||||
Daniel |||| ||
Danja |
Kerstin |
Nicole |||| ||||
Tina ||
b) 2 Stimmen
c)
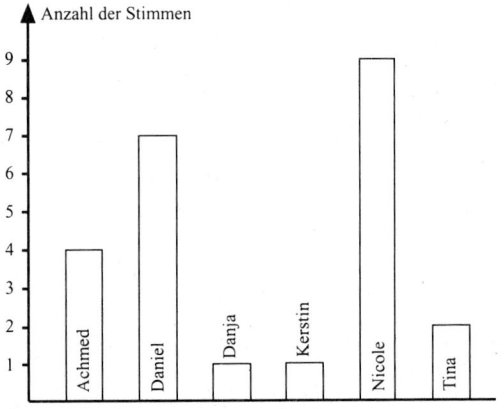

II Addieren und Subtrahieren

Bemerkungen zum Abakus

Es gab zahlreiche Formen des Abakus. Der hier gezeigte entspricht in seiner Stufung dem Rechenbrett (vgl. Kommentar zu Schülerbuch, S. 15). Das Rechnen wird praktisch auf ein Zählen mit den Fingern reduziert. Selbst einfachste Rechensätze im Zahlenraum bis 10 muß man nicht auswendig kennen.

Noch im 20. Jh. war in manchen Gebieten Europas der Abakus in Gebrauch. Mit etwas Übung kann man sehr schnell mit ihm rechnen.

Hinweis auf den Übertrag: jeweils 2 Perlen einer Spalte aus den oberen Reihen können durch eine Perle in der nächsten Spalte der unteren Reihen ersetzt werden; entsprechend gilt dies für 5 Perlen einer Spalte in den unteren Reihen.

1 Addieren

Seite 34

1
a) ca. 35 km, ca. 50 km
b) 35 + 50 = 85; 85 km

2
13 + 6 = 19
6 + 17 = 23
17 + 9 = 26

Seite 35

3

+	17	71	126
19	36	90	145
27	44	98	153
36	53	107	162
68	85	139	194
85	102	156	211
109	126	180	235
144	161	215	270
212	229	283	338
269	286	340	395
288	305	359	414
295	312	366	421
327	344	398	453

4
a) 92 b) 99 c) 99 d) 76
e) 98 f) 99 g) 78 h) 98

5
a) 87 b) 79 c) 79 d) 99

6
a) 267 b) 192 c) 202 d) 589
e) 196 f) 497 g) 289 h) 595

7
a) 197 b) 292 c) 589
d) 197 e) 514 f) 738

8
a) 122 b) 153 c) 121 d) 105
e) 141 f) 121 g) 131 h) 161

9
a) 217 b) 322 c) 527 d) 719
e) 231 f) 333 g) 313 h) 621

10
a) 81   b) 100 c) 152
   100   154   322
    93   251   437
   111   461   684
                   582   732

11
a) 8 400   b) 7 500
   8 100   9 200
   9 200   8 100
c) 11 800 d) 12 300
   11 800   12 100
   13 700   14 100

12
1165 Punkte

13
a) 80   b) 263
c) 208   d) um 43 größer

Subtrahieren   35–37

14

```
              133                           540
         56        77                 235       305
      23     33      44           100     135     170
   10    13     20     24       40    60    75    95
  4   6    7    13    11      15   25   35   40   55
```

15

4100 Personen

2 Subtrahieren

Seite 36

1

435 Punkte; 8,9 s

2

313 DM

Seite 37

◻

−	16	37	49
58	42	21	9
72	56	35	23
104	88	67	55
125	109	88	76
144	128	107	95
167	151	130	118
203	187	166	154
217	201	180	168
263	247	226	214
309	293	272	260
336	320	299	287
351	335	314	302

3

a) 35   b) 27   c) 59   d) 26
e) 35   f) 33   g) 24   h) 32

4

a) 31   b) 33   c) 43   d) 32

5

a) 116   b) 224   c) 216   d) 123
e) 314   f) 411   g) 711   h) 532

6

a) 224   b) 311   c) 415   d) 532

7

a) 5200 b) 5100 c) 2100 d) 1100
   1300   1300   2100   1100
   2300   2400   6100   1100

8

a) 39   b) 67   c) 36   d) 38
e) 35   f) 53   g) 39   h) 18

9

a) 218   b) 127   c) 317   d) 539
e) 257   f) 89   g) 188   h) 244
i) 349   k) 445

10

a) 33   b) 41   c) 131
   41   46   157
   73   106   273
           173   391

11

a) 1500 b) 2700 c) 2600
d) 3600 e) 2600

12
a) 64   b) 98   c) 850   d) 3900
   51   58   3700   1900
  100   363   5700   8400

13
a) 400   b) 1200   c) 3800
d) 3600   e) 4800

14
a) 48   b) 95   c) 230   d) 580
   16   175   580   390

15
a) 45   b) 86   c) 99   d) 92
   77   138   158   276

Seite 38

16
a) 610   b) 430   c) 510   d) +55
   690   1570   510   400
   310   0   576   510
   200   1140   369   377

17
35; 45
9; 24; 3; 4
88; 46; 53; 61; 43; 39
78; 85; 93; 75; 72; 71

18
50; 63; 75

19
a) 104 56 28 19   96 52 27 14
     48 28   9   44 25 13
        20 19   19 12
            1   7

   112 83 67 58 51
     29 16   9   7
       13   7   2
          6   5
             1

b) Selbstkontrolle

20
a) 312 — 226 — 189
    | | |
   286 — 173 — 117
    | | |
   189 — 145 — 99
b) Selbstkontrolle

21
 99 — 164 — 132
  | | |
 46 — 97 — 145
  | | |
144 — 131 — 99

22
Selbstkontrolle

23
a) 38   b) 71   c) 80   d) 47

Seite 39

24 ✷
a) 97 − 25   (72)
b) 72 − 59   (13)
c) 57 − 29
d) 97 − 52

24

Subtrahieren

25
Aufgabe mit roter Karte.
a) 43 b) 19
c) 69 d) 48
e) 309 f) 119

26 ✶
$$250 - 130 = 120$$
$$-\quad\ -\quad\ -$$
$$145 - 98 = 47$$
$$=\quad\ =\quad\ =$$
$$105 - 32 = 73$$

27 ✶
a) 96 und 32
b) 147 und 49

28

	9	6	4		2
8	5		9	2	9
	2	8			
2		2	1	5	5
2	4	0	0		1
2	4	0		2	5

29
89 DM

30
172 km

31
64 DM

32
180 DM

33
20 Münzen

34
10 950 m

3 Rechengesetze. Rechenvorteile

Seite 40

1

Susanne und Matthias erhalten ihre Fahrscheine
(2 DM + 0,50 DM = 0,50 DM + 2 DM = 2,50 DM).

2

(404 + 196) + 358 = 600 + 358 = 958

Seite 41

3
a) 26 40 47 70 74
   40 54 61 84 88
   47 61 68 91 95
   70 84 91 114 118
   74 88 95 118 122
b) an der Symmetrie

4
Assoziativgesetz und Kommutativgesetz
a) 72 b) 111 c) 158 d) 226
   87   177   136   166
  118   171   223   198
  166   147   157   143

42—44   Rechengesetze. Rechenvorteile

Die Aufgaben 5, 6, 7 wie Aufgabe 4.
Rechenvorteile sollen die Rechengesetze veranschaulichen!

5

a) 217   b) 288   c) 254   d) 224
   323   264   204   296
   268   174   279   279

6

a) 106000   b) 166000
c) 154000   d) 156000
e) 185000   f) 148000

7

a) 534   b) 1056
c) 1412   d) 939
e) 1015   f) 1912

13 ✳
1111111 + 1 + 1 = 1111113
111 + 111 + 111 = 333

14 ✳

a) 31 + 59 + 8 = 98
b) 2 + 96 + 84 = 182
c) 3 + 27 + 56 = 86
d) 46 + 57 + 4 = 107
e) 37 + 9 + 81 = 127

Wortspiele
Weitere Beispiele:
HUTFEST und FESTHUT
HAUS|TIER
TIER|HAUS
HAUS|KATZEN
KATZEN|HAUS
FRAUEN|HAUS
HAUS|FRAUEN

Seite 42

8

Assoziativgesetz und Kommutativgesetz
a) 188   b) 213   c) 254   d) 277

9

Assoziativgesetz und Kommutativgesetz
a) 177   b) 202   c) 240   d) 265

10

a) 238   b) 202   c) 174
d) 255   e) 259

11

falsch; 270.— ist richtig

12

850 km

4 Summen und Differenzen. Klammern

Seite 43

1

18

2

Markus: 8 DM; Sabine: 5 DM

Seite 44

3

a) 45   b) 8   c) 29   d) 30   e) 7

Summen und Differenzen. Klammern   44—45

Die Aufgaben 4, 6, 8, und 10 bieten Differenzierungsmöglichkeiten durch die Selbstkontrolle. Schüler können sie alleine lösen.

4
a) 14   b) 3   c) 16   d) 17   e) 2

5
a) 69   b) 25   c) 39   d) 29   e) 58

6
a) 13   b) 18   c) 6   d) 12   e) 5

7
a) 77   b) 52   c) 39   d) 27   e) 42

8
a) 9   b) 1   c) 19   d) 4   e) 20

9
a) 27   b) 5   c) 4   d) 32   e) 11

10
a) 7   b) 11   c) 15   d) 8   e) 10

Seite 45

11
a) (86 − 37) + (24 + 39 + 53) = 165
b) (27 + 54 + 63) − (96 − 57) = 105
c) (57 − 28) + (112 − 48) = 93
d) (124 + 57) − (86 + 25) = 70

12
EISBÄR

13 *
a) 17 − 12 + 23 − 11 = 17
b) 48 − 9 + 31 − 17 = 53
c) 37 − 25 + 12 + 24 = 48
d) 52 − 41 + 38 − 12 = 37
e) 63 + 12 − 27 + 46 = 94

14 *
a) 56 + 44 + (37 − 36) = 101
b) 56 − 44 − (37 − 36) = 11
c) 56 + 44 − (37 − 36) = 99

Man sollte beachten, daß die Schüler nocht nicht mit negativen Zahlen rechnen können.

15 *

Beispiel:
$$\begin{array}{ccccccc}
5 & + & 7 & + & 8 & = & 20 \\
+ & & + & & + & & + \\
8 & + & 5 & + & 7 & = & 20 \\
+ & & + & & + & & + \\
7 & + & 8 & + & 5 & = & 20 \\
= & & = & & = & & = \\
20 & + & 20 & + & 20 & = & 60
\end{array}$$

16
208 DM

17
3200 DM

18 *
4600 Liter

19
32 + 25 + 23   (5a, 5b, 6b)   und
29 + 30 + 21   (5c, 6a, 6c)

20
a) 32   b) 147   c) 479; 485; 495

Seite 46

a) 84 km − 71 km = 13 km
b) 156 km hin und zurück
c) 15 km (Familie Sommer) und 36 km (Familie Kunz);
21 km mehr

22
a) eingestiegen: 138   ausgestiegen: 140
b) 92 Fahrgäste
c) nach der 3. Station: 121 Personen

Summen und Differenzen. Klammern **46**

Magische Quadrate
weitere Möglichkeiten:
z. B. „Rösselsprung"

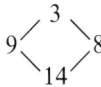

24; 30; 42

15	8	13
10	12	14
11	16	9

21	14	19
16	18	20
17	22	15

45	44	49
50	46	42
43	48	47

4	9	2
3	5	7
8	1	6

In **magischen Quadraten** (Zauberquadraten) sind die natürlichen Zahlen von 1 bis n^2 ($n = 3, 4, 5, \ldots$) so angeordnet, daß die Zeilen-, Spalten- und Diagonalensummen sämtlich gleich sind. Diese gemeinsame Summe heißt **magische Zahl** des Quadrats.
Addiert man die Zahlen in den n Zeilen, so ergibt sich einerseits das n-fache der magische Zahl Z, andererseits die Summe $1 + \ldots + n^2$. Es muß also gelten:
$n \cdot Z = 1 + \ldots + n^2$

Für $n = 3, 4, 5$ ergeben sich so die magischen Zahlen
$Z_3 = \frac{1}{3}(1 + \ldots + 9) = 15$
$Z_4 = \frac{1}{4}(1 + \ldots + 16) = \frac{1}{4} \cdot 8 \cdot 17 = 34$
$Z_5 = \frac{1}{5}(1 + \ldots + 25) = \frac{1}{5}(12 \cdot 26 + 13)$
$ = \frac{1}{5} \cdot 25 \cdot 13 = 65$

Im Mittelfeld des magischen **3-3-Quadrats** muß die Zahl 5 stehen. Addiert man nämlich längs der 4 Symmetrieachsen des Quadrats, so erhält man, wenn x die Zahl im Mittelfeld bedeutet, die Gleichung
$4Z_3 = 1 + \ldots + 9 + 3x$.

Daraus ergibt sich $x = 5$.
Die Zahl 9 kann nicht in einem Eckfeld stehen, da sonst die Summe 15 nicht mehr zweimal gebildet werden könnte. Sie steht also z. B. in der Mitte oben; gegenüber steht dann die Zahl 1. Die Zahl 8 muß nun in der unteren Zeile stehen, da andernfalls dort die Summe 15 nicht mehr erreichbar wäre. Die weiteren Plazierungen ergeben sich dann zwangsläufig.

4	9	2
3	5	7
8	1	6

Es gibt 4 Möglichkeiten, die 9 zu setzen, und jeweils dann 2 Möglichkeiten, die 8 zu setzen. Damit gibt es 8 magische 3-3-Quadrate, die durch Symmetrieabbildungen des Quadrats auseinander hervorgehen. Das oben gezeigte magische Quadrat war schon um 2200 v. Chr. in China bekannt.

Magische 4-4-Quadrate kann man nach folgendem „Rezept" herstellen: Man belegt im Schema

A + a + 1	B + b + 1	C + c + 1	D + d + 1
C + d + 1	D + c + 1	A + b + 1	B + a + 1
D + b + 1	C + a + 1	B + d + 1	A + c + 1
B + c + 1	A + d + 1	D + a + 1	C + b + 1

die Variablen A, B, C, D mit je einer der Zahlen 0, 4, 8, 12 und die Variablen a, b, c, d mit je einer der Zahlen 0, 1, 2, 3.
Mit $A = 0, B = 4, C = 8, D = 12, a = 0, b = 1, c = 2, d = 3$ ergibt sich beispielsweise das magische Quadrat

1	6	11	16
12	15	2	5
14	9	8	3
7	4	13	10

Der Hinweis, daß sämtliche Zeichenkombinationen Aa, Ab, …, Dd je einmal vorkommen und als Zahlen im Vierersystem aufgefaßt werden können, soll als Erklärung genügen. Übrigens lassen sich auf diese Weise nicht alle magischen 4-4-Quadrate erzeugen; beispielsweise nicht das Dürersche, das im Schülerbuch abgebildet ist.

29

Für die Herstellung **magischer 5-5-Quadrate** geben wir das Schema

A + a + 1	B + b + 1	C + c + 1	D + d + 1	E + e + 1
C + d + 1	D + e + 1	E + a + 1	A + b + 1	B + c + 1
E + b + 1	A + c + 1	B + d + 1	C + 3 + 1	D + a + 1
B + e + 1	C + a + 1	D + b + 1	E + c + 1	A + d + 1
D + c + 1	E + d + 1	A + e + 1	B + a + 1	C + b + 1

Hier sind A, B, C, D. E mit je einer der Zahlen 0, 5, 10, 15, 20 und a, b, c, d, e mit je einer der Zahlen 0, 1, 2, 3, 4, 5 zu belegen.
Ein Beispiel ist das Quadrat

7	4	21	13	20
23	15	17	9	1
19	6	3	25	12
5	22	14	16	8
11	18	10	2	24

Wunderquadrate (statt „pseudomagische" Quadrate) nennen wir solche Quadrate, bei denen im Vergleich zu den magischen Quadraten die Summenbedingung für die Diagonalen aufgehoben ist.

Wunderquadrate mit ungerader Felderzahl erhält man nach einer originellen, vermutlich aus China stammenden Methode. Man schreibt die Zahlen von 1 bis 9 im Karogitter in der abgebildeten bandartigen Anordnung auf. Mit der Zahl 1 an beliebiger Stelle des Quadrats beginnend, setzt man die Zahlen der Reihe nach ein. Die jeweils erste noch „heraustehende" Zahl wird um drei Schritte parallel zu den Seiten oder einer Diagonale in das Quadrat geschoben und nimmt dabei den Rest des Bandes mit.

Nach kurzer Übung kann man die Zahlen fortlaufend eintragen, ohne die außen wartenden immer neu aufzuschreiben.

Das Verfahren läuft, mathematisch gesagt, darauf hinaus, jedem Platz des Bandes Koordinaten zu geben (mit Beginn der Zählung bei 0), deren Dreierreste zu bestimmen und die Zahl entsprechend diesen reduzierten Koordinaten in das Quadrat einzutragen. Im ersten gezeigten Beispiel steht die Zahl 6 auf dem Platz (5, 3), reduziert (2, 0), und dort steht die Zahl 6 dann auch im Quadrat. Entsprechend verläuft das Verfahren für 5-5-Wunderquadrate. Die 25 Zahlen werden in 5 Abschnitten zu je 5 Zahlen angeordnet.

Beginnt man übrigens mit dem mittleren Abschnitt 11, ..., 15 und setzt die 11 in das linke untere Eckfeld, so entsteht ein magisches Quadrat.

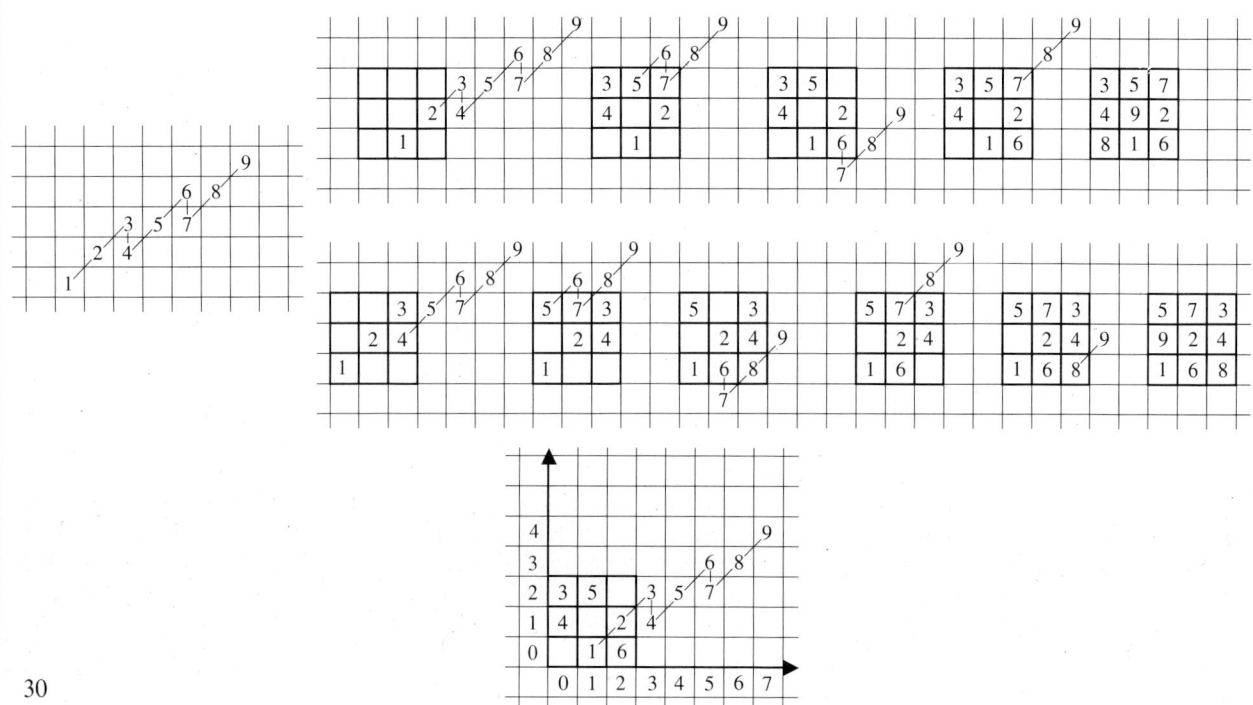

Summen und Differenzen. Klammern

Es gibt sogar magische Quadrate, bei denen die magische Zahl auch auf allen „zusammengesetzten" Schräglinien entsteht. Sie heißen „panmagisch"; im Unterricht könnte man sie **supermagische Quadrate** nennen.

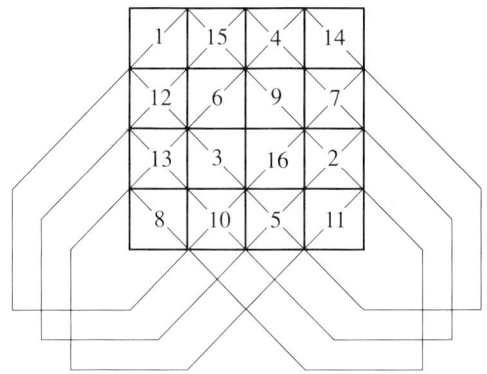

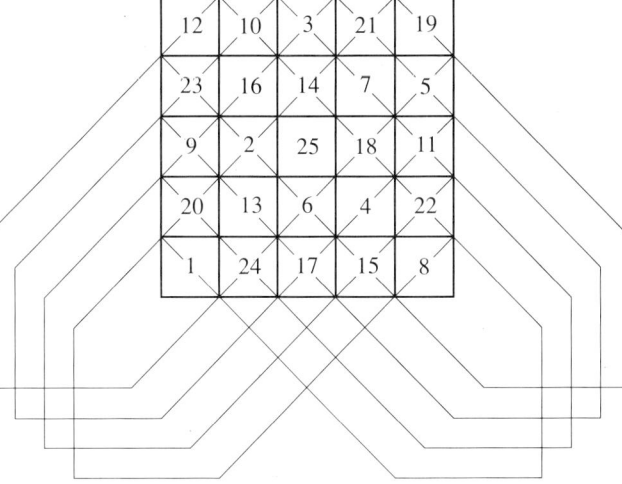

Um der kärglichen Auswahl in magischen 3-3-Quadraten abzuhelfen, geben wir noch einen Ausdruck für 3-3-Quadrate an, bei denen Zeilen-, Spalten- und Diagonalensummen übereinstimmen, die Zahlen aber nicht notwendig von 1 bis 9 laufen. Man könnte sie vielleicht **Trick-Quadrate** nennen.

$a + b + 2c$	a	$a + 2b + c$
$a + 2b$	$a + b + c$	$a + 2c$
$a + c$	$a + 2b + 2c$	$a + b$

Die magische Zahl ist $3a + 3b + 3c$, also wieder das Dreifache der Zahl im Mittelfeld. Die Bedingungen

$$b \neq 0, \quad c \neq 0, \quad |b| \neq |c|, \quad |b| \neq |2c|, \quad |2b| \neq |c|$$

sichern, daß alle Zahlen verschieden ausfallen.
4-4-Trick-Quadrate lassen sich durch Vervielfachung und Addition der folgenden 8 Basisquadrate gewinnen.

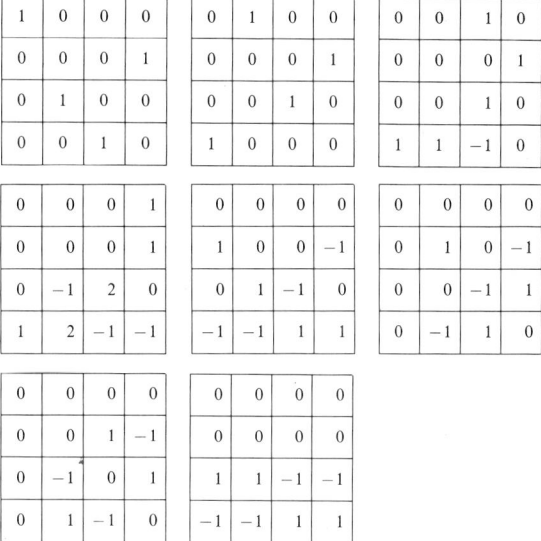

Reizvoller als das Nachrechnen in Zahlenquadraten ist das Ergänzen fehlender Zahlen. Im 3-3-Trick-Quadrat (und damit auch im magischen Quadrat) genügen dazu 4 geeignet plazierte Zahlen oder 3 Zahlen und die magische Zahl. Im 4-4-Trick-Quadrat (und damit auch im magischen 4-4-Quadrat) genügen zwar grundsätzlich 8 geeignet plazierte Zahlen, jedoch bleiben dann am Ende 4 Felder frei, die erst nach Lösen eines Gleichungssystems ausgefüllt werden können. Man wird also 9 Zahlen aus einem vorher berechneten Quadrat vorgeben müssen. Die Abb. zeigt eine geeignete Plazierung.

Die Angaben für magische Quadrate könnten reduziert werden, weil nur die Zahlen 1 bis n^2 in Frage kommen. Vermutlich sind die Schülerinnen und Schüler aber außer im Fall $n = 3$ mit dem dann notwendigen Probieren überfordert.

5 Schriftliches Addieren

Seite 47

1

5 km; 7 km; nein; nach 7 km

2

gleiche Stellenzahl, ohne Übertrag, 2 Summanden
a) 7788   b) 9899   c) 9999

3

gleiche Stellenzahl, mit Übertrag, 2 Summanden
a) 9621   b) 9705   c) 8355

Seite 48

4

gleiche Stellenzahl, mit Übertrag, 3 Summanden
a) 9899   b) 9899   c) 9999

5

ungleiche Stellenzahl, mit Übertrag, 3 Summanden
(Beachte: stellengerechtes Schreiben)
a) 57979   b) 79998   c) 59959

6

a) 9999   b) 8999   c) 9999

7

a) 59998   b) 69999
c) 87999   d) 67999

8

a) 9943   b) 7770   c) 9426

9

a) 10001   b) 9754
c) 13505   d) 17391

10

a) 39764   b) 58609   c) 69956

11

a) 28992   b) 59227   c) 59905   d) 88373

12

a) 64485   b) 42545   c) 95317

◻

64 Aufgaben als Differenzierungsangebot bei unterschiedlichem Tempo bei der Aufgabenbewältigung.

13

a) 112491   b) 100270   c) 103619

14

a) 55383   b) 74425   c) 88833   d) 95296

15

a) 184859   b) 188953   c) 159753   d) 184145

16

a) 63343   b) 60020   c) 100303

17

a) 666666   b) 333333   c) 999999

18

gegenseitige Kontrolle → ↓
```
 999 +  888 +  777 = 2664
 666 +  555 +  444 = 1665
 333 +  222 +  111 =  666
1998 + 1665 + 1332 = 4995
```

Schriftliches Addieren   **48−50**

19
Selbstkontrolle; vgl. 18
 612 + 589 + 878 = 2079
1286 + 2463 + 1619 = 5368
 637 + 842 + 2185 = 3664
2535 + 3894 + 4682 = 11111

Seite 49

20
Aufgabe mit roter Karte.
Stellengerecht schreiben und Übertrag nicht vergessen!
a) 2815   b) 1234   c) 28218

21
a) 2mal   b) 4mal   c) 6mal

22
NECKAR

23 ✶
Beispiele:
a) 862 + 731 = 1593 ⎫ Es gibt mehrere
b) 137 + 268 = 405 ⎬ Möglichkeiten
c) 687 + 213 = 900 ⎭ → Ergebnis konstant!

24
a) 2456   b) 5647   c) 8247
   +6323   +3892   +7659
   ─────   ─────   ─────
    8779   9539   15906

25 ✶
gleiche Quersumme
a) 258 + 285 + 528 + 582 + 825 + 852 = 3330
b) 357 + 375 + 537 + 573 + 735 + 753 = 3330

26
a) 87532 + 246 = 87778   b) 98542 + 367 = 98909

27
     2 +   8 =   10
   204 +   806 =   1010
 20406 +   80604 =   101010
2040608 + 8060402 = 10101010
2061220 + 8141820 = 10203040

28
11111111111111   3333333333333
55555555555   7777777777

29
111261 Besucher

30
12321 Besucher

31
Es fehlen 85 DM (10085 DM).

Seite 50

32
3779 km

33
a) I: 1579   II: 3677   III: 2858
b) 5. Vorstellung   1644 Besucher

34 ✎
Gesamteinwohnerzahl: 78832300
Gesamtfläche: 356285 km^2

35 ✎

Die Aufgabe ist gut für Schätzübungen und Überschlagsrechnungen geeignet.

a) Bahnhof   15 167 DM
   Stadtmitte   24 611 DM
   Kurpark   7 895 DM
b) 1. Woche   11 773 DM
   2. Woche   12 446 DM
   3. Woche   11 849 DM
   4. Woche   11 605 DM
c) 47 673 DM

36

19 870 m

37

6 522 800 Einwohner
etwa wie Niedersachsen oder Hessen

6 Schriftliches Subtrahieren

Seite 51

1

```
  324      253      642
+ 163    + 446    + 232
-----    -----    -----
  487      699      874
```

2

gleiche Stellenzahl, ohne Übertrag, 1 Subtrahend
a) 4112   b) 1522   c) 2322
d) 2221   e) 1643   f) 3233

3

ungleiche Stellenzahl, ohne Übertrag, 1 Subtrahend
a) 6111   b) 8221   c) 5211
d) 4312   e) 5334   f) 7111

Seite 52

❐

64 Aufgaben als Differenzierungsangebot

4

gleiche Stellenzahl, ohne Übertrag, 1 Subtrahend
a) 1411;   2214   b) 2117;   3332
c) 1153;   2213   d) 3326;   1334

5

ungleiche Stellenzahl, ohne Übertrag, 1 Subtrahend
a) 72 121;   52 121   b) 81 111;   71 134
c) 41 482;   31 115   d) 11 131;   11 111

6

gleiche Stellenzahl, mit Übertrag, 1 Subtrahend
a) 3178   b) 2379   c) 917
d) 2156   e) 2757   f) 2845

7

gleiche Stellenzahl, mit Übertrag, 1 Subtrahend
a) 1274;   1166   b) 2125;   3769
c) 4636;   1475   d) 4476;   2264

8

ungleiche Stellenzahl, mit Übertrag, 1 Subtrahend
a) 5819   b) 4792   c) 5972
d) 6735   e) 5427   f) 7525

9

gleiche Stellenzahl, ohne Übertrag, 1 Subtrahend
a) 3111   b) 1211   c) 2111
d) 3121   e) 2111   f) 3111

10

a) 2093   b) 1251   c) 1291
d) 3461   e) 3073   f) 2208

11

a) 21 331   b) 21 211
c) 11 212   d) 11 211

Schriftliches Subtrahieren 52–54

12
a) 114   b) 6466   c) 3069   d) 8713

13
a) 1760   b) 1070   c) 1105

14
a) 123321   b) 321123   c) 332211

15
111111
333333
555555
777777
999999

16
727272
787878
434343
2222222

17
$$\ominus\begin{vmatrix} 11111 - 6472 - 2417 = 2222 \\ 6564 - 4316 - 884 = 1364 \\ 2325 - 792 - 676 = 857 \end{vmatrix} \ominus$$
2222 − 1364 − 857 = 1 ↓
→ selbstkontrollierend

Seite 53

18
Aufgabe mit roter Karte.
a) 28 „vertauscht"   b) 8089 stellengerecht untereinander   c) 1927 Übertrag beachten

19
a) 2mal   b) 5mal   c) 4mal

20
AMSTERDAM

21
a) 85766   b) 68300   82199
   −13065   −57993   −49809
    72701   10307   32390

22 ✻
a) 987 − 235 = 752
b) 823 − 795 = 28
c) 973 − 852 = 121

23
Man erhält immer 1089.

25
3168 m; 2598 m; 1278 m

26
5351 km; 5196 km; 5098 km; 4480 km

Seite 54

27
a) 1264   b) 21264

28
246 DM

29
681 Karten

54–55

30

a) 152; 136; 186; 111; 135; 144; 99; 129; 111; 131; 126; 122
b) 186 − 99 = 87 km
c) 864 − 718 = 146 km
Die 2. Hälfte ist 146 km kürzer.

31

a) stärkster Zuwachs 1988: 219 Mitgl.
größte Abnahme 1989: 245 Mitgl.
b) 1864 Mitglieder

32 ✳

32 150 Liter

33 ✳

a) 12321 − 12421
   84548 − 84648
   56965 − 57075
b) 78987   87 km
   79097   110 km
   79197   100 km

7 Vermischte Aufgaben

Seite 55

1

a) 99   b) 115   c) 131   d) 110
e) 200   f) 201   g) 411   h) 751

2

a) 47   b) 47   c) 62   d) 56
e) 36   f) 44   g) 189 h) 378

3

a)   64
   28 36
 12 16 20
5 7 9 11

b) 150 90 55 44
    60 35 11
     25 24
      1

c)   430
    284 146
  184 100 46
118 66 34 12
  52 32 22
   20 10
   10

4

a) 12900   b) 4900   c) 2150   d) 6900
   8500   9900   2400   10100
   5500   10000   4900   39000
   5200   2920   2900   10000
e) 9000   f) 11000 g) 10000 h) 3950
   7000   2700   7990   1999
   9000   9010   5555   1111
   2500   9900   3600   9999

5

a) 51   b) 59   c) 39   d) 62
   13   16   23   16
   24   187   61   32

6

a) 29; 34; 39; 44, 49
b) 134; 146; 158; 170; 182
c) 315; 295; 275; 255; 235
d) 175; 209; 243; 277; 311
e) 184; 165; 146; 127; 108

Vermischte Aufgaben 55–57

7
a) 54 b) 24
c) 69 d) 33
e) 73 f) Summenwert 80
g) 62 h) 242

8 ✶

a) 86   b) 135   97
   + 79   + 28   + 46
   ---   ---   ---
   165   163   143

Es gibt verschiedene Möglichkeiten.

Seite 56

9
a) 25 DM   b) 30 DM

10
15 DM

11
520 m

12 ✎

A–B	1,50 m	B–C	3 m	C–E	8 m
A–C	1,50 m	B–D	4 m	C–F	2,50 m
A–D	2,50 m	B–E	5 m	D–E	9 m
A–E	6,50 m	B–F	5,50 m	D–F	1,50 m
A–F	4 m	C–D	1 m	E–F	10,50 m

13
Kommutativgesetz anwenden!

+	19	31	54	73
19	38	50	73	92
31	50	62	85	104
54	73	85	108	127
73	92	104	127	146

14
a) 81   b) 189   c) 163   d) 284
   94   157   138   647
   99   203   198   1236
  193   216   176   912

15
a) 300   b) 200   c) 317   d) 518

16 ✶

$99 \cdot (1 + 99) : 2 = 4950$

Summenformel für die arithmetische Reihe

$$s_n = \frac{n}{2}(a_1 + a_n)$$

Seite 57

17
a) 98   b) 50   c) 40
d) 16   e) 2   f) 6

18
Subtrahenden durch Klammersetzen zusammenfassen
Beispiel: a) $172 - (34 + 16 + 41 + 29) = 52$
b) 38   c) 37   d) 155   e) 133

19 ✶
a) $37 + 12 - 14 + 23 = 58$
b) $11 + 38 - 25 - 14 = 10$
c) $99 - 25 - 36 - 11 = 27$
d) $78 + 31 - 42 - 18 = 49$
e) $98 - 49 + 37 - 17 = 69$

20
Beispiel: $6 - 4 + (5 - 1) = 6$

21
a) 5a: 61 km   5b: 58 km
   3 km Unterschied
b) Überlingen – Meersburg – Konstanz – Romanshorn – Rorschach 58 km
c) 22 km

22
a)   9 969   b) 104 124
c) 41 088   d) 61 803
e) 121 717   f) 42 518

23
```
   876 543          76 543
+  345 678       +  34 567
  1 222 221  –    111 110  =  1 111 111
```

24
a) 4321   b) 1367   c) 1818   d) 8858
   1112   1293   1034   3326
   1572   3766   1174   6299

25
a) 7930   b) 7946   c) 1126   d) 8659
e) 7605   f) 5281   g) 7061

Thema: Klassenfahrt

Thema: Klassenfahrt

Diese Themenseiten sind dafür gedacht, daß die Schülerinnen und Schüler motiviert werden, sich an der eventuell geplanten Klassenfahrt zu beteiligen. Die beiden hier vorgestellten Klassenfahrten sind besonders gut geeignet für differenziertes Arbeiten. Die Aufgaben für die zweite Klassenfahrt stellen höhere Ansprüche an die Lernenden als die Aufgaben für die erste.

Seite 58

1
Übernachtung: 36 DM, Verpflegung: 62 DM, pro Person insgesamt 98 DM

2
Der Ausflug kostet pro Person 11 DM.

3
Der Einkauf kostet 99,84 DM ≈ 100 DM.
Jede Person muß 4 DM bezahlen.

4
Bernstein kostet 70 DM mehr als Schulau.
Bernstein kostet 40 DM mehr als Karlsen.
Bernstein kostet 40 DM weniger als Dombert.
Schulau kostet 30 DM weniger als Karlsen.
Schulau kostet 110 DM weniger als Dombert.
Karlsen kostet 80 DM weniger als Dombert.
Eine Person zahlt 14 DM für die Busfahrt.

5
Der Einkauf kostet 75,40 DM ≈ 75 DM.
Eine Person zahlt 3 DM.

6
Für eine Person wird die Klassenfahrt voraussichtlich 130 DM kosten.

Seite 59

1
Vor allem die Planung der zu fahrenden Strecke läßt verschiedene Möglichkeiten zu. Hier wird nur eine Möglichkeit angegeben. Die Lehrkraft muß vor Behandlung der Aufgaben die Zeichen erklären, die für das Errechnen der einzelnen Streckenlängen notwendig sind.

Lüneburg – Uelzen (über B4)	35 km
Uelzen – Hankensbüttel	33 km
(Uelzen – Sprakensehl 16 km + 8 km,	
Sprakensehl – Hankensbüttel 9 km)	
Hankensbüttel – Müden	39 km
(Hankensbüttel – Sprakensehl 9 km,	
Sprakensehl – Müden 8 km + 22 km)	
Müden – Bispingen	39 km
(Müden – Poitzen 3 km, Poitzen – Hetendorf	
11 km, Hetendorf – Wietzendorf 5 km, Wietzen-	
dorf – Bispingen 2 km + 10 km + 3 km + 5 km)	
Bispingen – Lüneburg	38 km
(Bispingen – Soderstorf 13 km, Soderstorf –	
Raven 4 km, Raven – Wetzen – Oerzen	
3 km + 2 km + 7 km = 12 km,	
Oerzen – Lüneburg 9 km)	

Insgesamt wollen die Kinder 184 km fahren.

2
Je nach Leistungsstärke der Klasse/Gruppe muß die Lehrkraft vorher festlegen, wie genau die jeweilige Zeitdauer angegeben werden soll (gerundet auf ganze Stunden, auf Viertelstunden, auf halbe Stunden; leistungsstarke Schülerinnen und Schüler können eventuell auch auf Minuten genau die voraussichtliche Zeit errechnen).

Montag:	35 km	– 2 h 20 min
Dienstag:	33 km	– 2 h 12 min
Mittwoch:	39 km	– 2 h 36 min
Donnerstag:	39 km	– 2 h 36 min
Freitag:	38 km	– 2 h 32 min

3

Uelzen: 24,50 DM
Hankensbüttel: 24,50 DM
Müden: 22,00 DM
Bispingen: 23,00 DM

Insgesamt muß eine Person 94,00 DM bezahlen.

4

Die zusätzlichen Ausgaben belaufen sich auf 24,50 DM.

5

118,50 DM wird die Klassenfahrt pro Person kosten.

6

Bei der Berechnung des Gesamtgewichtes des Gepäcks muß beachtet werden, daß die Handtücher, die Unterwäsche, die Socken, die T-Shirts und die Papiertaschentücher nur als Einzelteil im Gewicht angegeben sind. Insgesamt ist das Gepäck 5470 g = 5,470 kg schwer.

III Geometrische Grundbegriffe

Es ist kaum nötig, auf die Bedeutung Euklids hinzuweisen. Seine axiomatische Methode (also der Aufstieg von konsensfähigen Grundsätzen zu beweisbedürftigen Sätzen) prägte bis ins 20. Jh. die Geometrie in der Schule. Dieses Beharren auf dem Lehrwerk Euklids führte jedoch schließlich zu methodischer Erstarrung und zur Mißachtung lernpsychologischer Erkenntnisse. Die Abbildungsgeometrie, von Fachwissenschaftlern und Pädagogen gemeinsam ins Licht gerückt, brachte hier neue Akzente.

Im 19. Jh. entfaltete sich aus Euklids axiomatischer Methode die Besinnung der Mathematik auf ihre Grundlagen. So wurde sie zur „Wissenschaft von den formalen Systemen".

1 Strecken und Geraden

Seite 62

1

Die Straße ist kürzer als die Bahnlinie, und diese ist kürzer als der Fußweg. Der Weg in Luftlinie wäre kürzer als die Straße.

2

Die Setzlinge stehen „in Linie".

Seite 63

3

Strecke   a)
Gerade   d) e) g)
Strahl   b) h)

4

Beispiele:
In unserer Umgebung gibt es für Geraden kein Beispiel.
Halbgerade: Lichtstrahl
Strecke: 50 m-Bahn

5

$\overline{AB}$, $\overline{CD}$, $\overline{EF}$, $\overline{GH}$, $\overline{HI}$

6

$\overline{AB}$ = 5,0 cm; $\overline{CD}$ = 1,5 cm
$\overline{EF}$ = 3,5 cm; $\overline{GH}$ = 5,3 cm

8

a) 6 Strecken   b) 10 Strecken
In b) liegen die Punkte D, E und B bzw. A, E und C nicht auf einer Geraden.

9

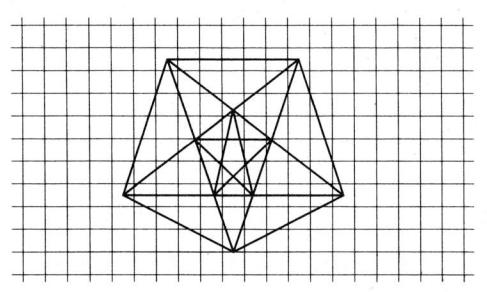

10

6 Geraden, 10 Strecken
6 Geraden, 12 Strecken
3 auf einer Geraden liegende Punkte grenzen 3 Strecken ab.

Seite 64

11

Schnitte, die sich auf dem Rand treffen, ergeben keine zusätzlichen Möglichkeiten.
„Mit 4 Schnitten kann man 5, 6, ..., 11 Stücke erhalten. Die Maximalzahl ergibt sich, wenn der zusätzliche Schnitt alle vorhandenen kreuzt, aber nicht durch einen schon vorhandenen Kreuzungspunkt geht."

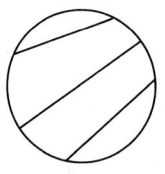

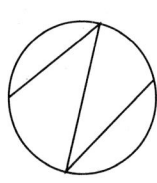

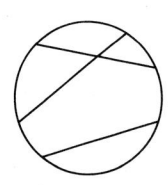

4 Stücke   4 Stücke   5 Stücke

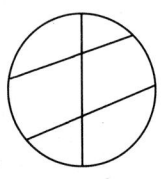

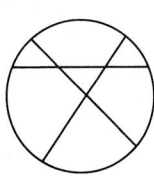

6 Stücke   7 Stücke

Zueinander senkrechte Geraden

12

[Sternbilder: Kleiner Wagen, Drache, Walfisch]

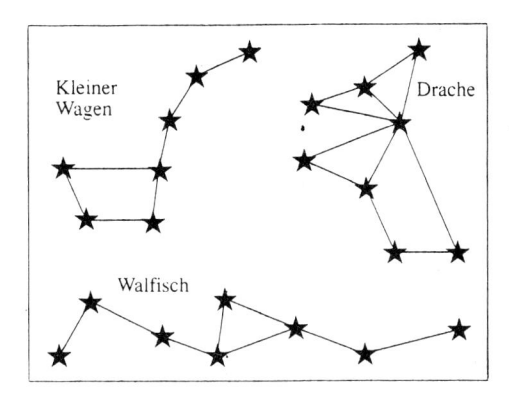

13 ✱

Auf jeder Diagonalen gibt es 10 Strecken. Insgesamt gibt es also $10 \cdot 9 + 6 = 96$ Strecken.
Fragt man nach der Anzahl der Strecken, aus denen die Figur zusammengesetzt ist, so erhält man $4 \cdot 9 + 6 = 42$ Strecken.
Falls eine Zusatzaufgabe mit einem Sechseck gestellt wird, bei dem sich die Diagonalen niemals zu dritt schneiden, so ist zu beachten, daß es zwei Typen von Diagonalen gibt: 6 „kurze" Diagonalen mit je 10 Strecken und 3 „lange" Diagonalen mit je 15 Strecken. Schon die Abzählung der 15 Strecken erfordert ein systematisches Vorgehen; beispielsweise so: Auf der Diagonalen liegen 6 Punkte, von jedem Punkt zu jedem der 5 anderen gibt es eine Verbindungsstrecke, da man so aber jede Strecke doppelt zählt, sind es nicht $6 \cdot 5 = 30$ Strecken, sondern $30 : 2 = 15$ Strecken.

14 ✱

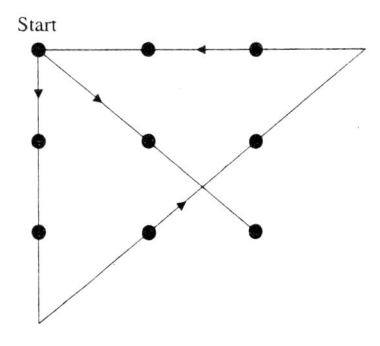

[Figur mit Start]

2 Zueinander senkrechte Geraden

Seite 65

1

Spitzwinklige Kreuzungen sind unübersichtlich, weil man beim Einfahren „rückwärts" schauen muß.
Die rechtwinklige Kreuzung ist am übersichtlichsten.

4

E, L, F, T, H

Seite 66

6

⊥	g	h	i	k	l	m
g		×				
h	×				×	
i				×		
k			×			×
l		×				
m				×		

Gesetzmäßigkeit:
Wenn $a \perp b$, dann $b \perp a$

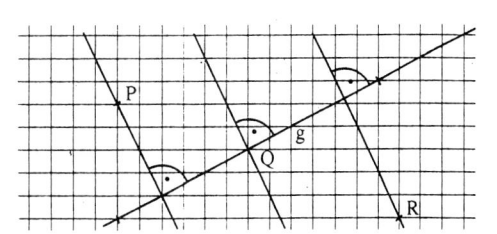

7

[Zeichnung auf Karopapier mit Punkten P, Q, R und Gerade g]

8
Die Geraden i und g sind zueinander parallel.

9
Bei a) und c) sind die Verbindungslinien zueinander senkrecht.

10
Die Strecken schneiden sich in einem Punkt (Höhenschnittpunkt).

11
Die Knicklinien grenzen ein Rechteck ab. Die vierte steht senkrecht zur ersten.

7
Die 4 Geraden erzeugen ein Parallelogramm.

9
Je zwei Strecken sind zueinander parallel. Man könnte noch die Diagonalen einzeichnen lassen. (Beweisfigur für das sogenannte Varignon-Parallelogramm!)

3 Zueinander parallele Geraden

Seite 67

4
$\overline{AB} \parallel \overline{ED}$, $\overline{BC} \parallel \overline{FE}$, $\overline{CD} \parallel \overline{AF}$

Seite 68

5

∥	g	h	i	k	l	m
g	×	×				
h	×	×				
i			×	×		
k			×	×		
l					×	×
m					×	×

Gesetzmäßigkeit:
Wenn a ∥ b, dann b ∥ a.
Außerdem gilt a ∥ a.

4 Quadratgitter

Seite 69

1
Das Bild zeigt die Stadt Breisach an der Schweizer Grenze. Zahlreiche Beispiele finden sich bekanntlich in den USA.

2
Es sind jeweils 18 Schritte. Die Übereinstimmungen der Schrittzahlen nach rechts und links bzw. nach oben und unten sind bei geschlossenen Wegen zwangsläufig. Die Übereinstimmung aller Schrittzahlen ist zwangsläufig für Wege, die nach gleich langen Schritten stets abknicken.

4
A (1/3), B (2/1), C (7/6), D (6/0), E (12/3), F (0/0)

Quadratgitter

Seite 70

5
a) 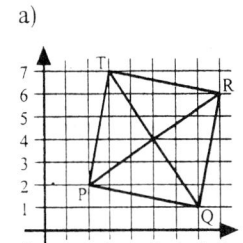
b)

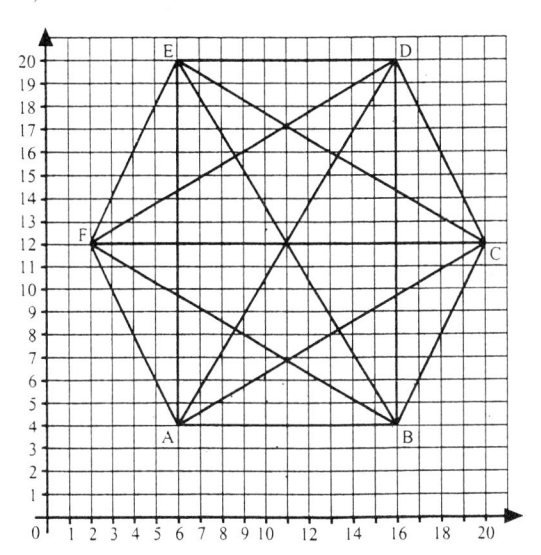

6

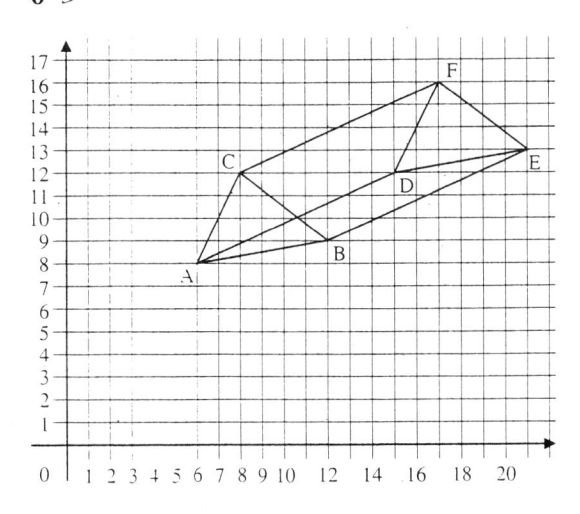

7
a) 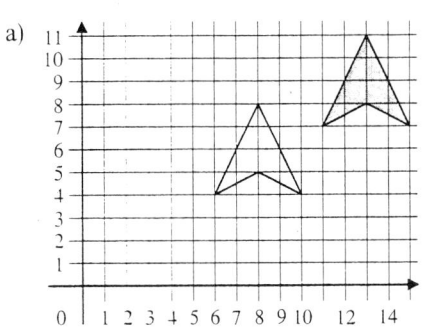
b) 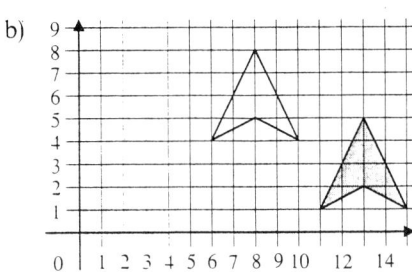
c)

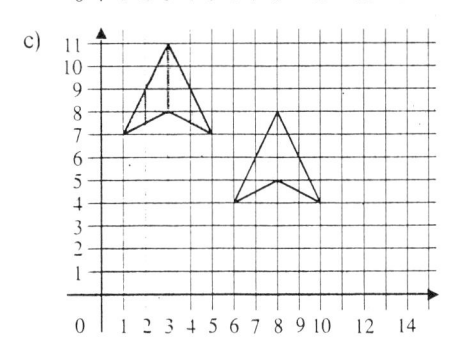

8
a) (4|4), (4|5), (5|5), (5|4)
b) (8|2), (10|2), (10|4), (8|4)
c) (9|5), (12|5), (12|8), (9|8)
d) (13|5), (14|5), (14|6), (13|6)

9

A (5/3), B (9/3), C (9/5), D (12/5), H (5/9), G (2/9), F (2/12), E (12/12)

Die Punkte sind in einer Reihenfolge angegeben, in der ihre Koordinaten zu finden sind.

10

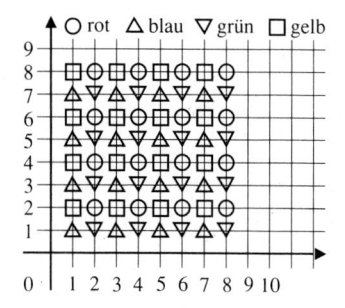

11

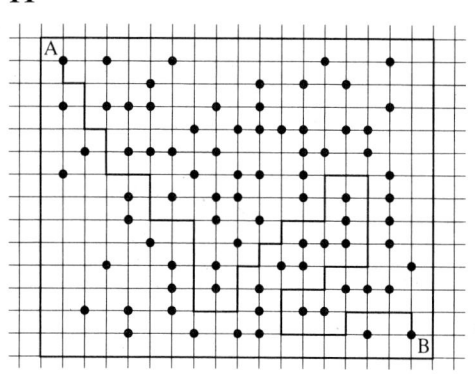

5 Entfernung und Abstand

Seite 71

1
Je weiter außen der Aufhängepunkt ist, desto länger ist das Tragseil.

2
Der schräg verlaufende Zebrastreifen wäre überflüssig lang, also gefährlicher als der andere.

Seite 72

3
30 mm

4
$\overline{AB}$ = 55 mm, $\overline{AC}$ = 63 mm, $\overline{AD}$ = 43 mm,
$\overline{BC}$ = 25 mm, $\overline{BD}$ = 53 mm, $\overline{CD}$ = 41 mm

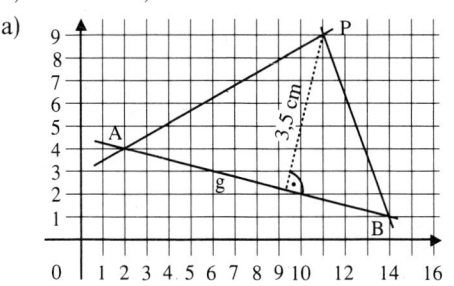

5
a) 35 mm b) 43 mm

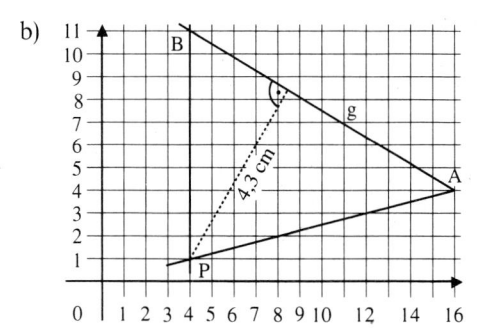

6
Die Abstände zwischen g und P, Q, R, S betragen 19 mm, 39 mm, 58 mm, 78 mm. (Bis auf Ableseungenauigkeiten sind es Vielfache der Abstände zwischen g und P; Strahlensatz!)

Entfernung und Abstand　　72—73

7

11

a) Auf der Karte beträgt die Entfernung 34 mm, und 22 mm entsprechen 30 km. Da Dreisatz nicht zur Verfügung steht, sollte man die Skala auf einen Papierstreifen übertragen lassen und die Entfernung direkt messen. Die Genauigkeit auf 2 km genügt sicher. Ergebnis: 46 km
b) Schiffahrtslinie Warnemünde – Gedser:
Abstand 14 mm
Schiffahrtslinie Travemünde – Helsinki:
Abstand 12 mm
Wie oben mißt man besser den Abstand direkt aus.
Ergebnis: 19 km und 16 km.

9

6 Vermischte Aufgaben

Seite 73

1

Die Begriffe „Strecke", „Gerade" und „parallel" werden hier abgefragt. Die 4. Gerade
a) darf zu keiner der 3 Geraden parallel sein und darf nicht durch einen der 3 Schnittpunkte gehen.
b) muß zu einer der 3 Geraden parallel sein und darf nicht durch einen der 3 Schnittpunkte gehen.
c) muß zu einer der 3 Geraden parallel sein und muß durch einen der 3 Schnittpunkte gehen.

5

Da die Gegenseiten des Sechsecks jeweils zueinander parallel sind, ergeben sich nicht 6, sondern nur drei Geraden.

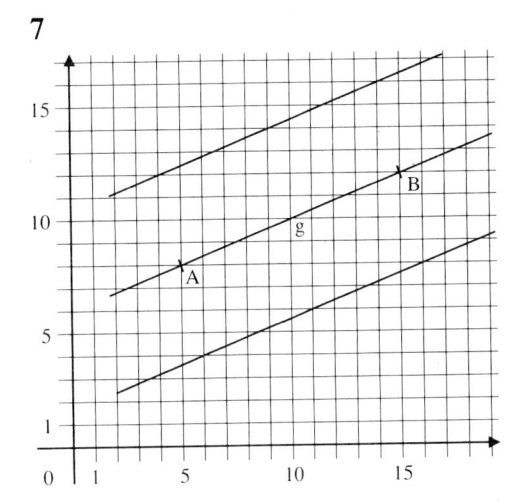

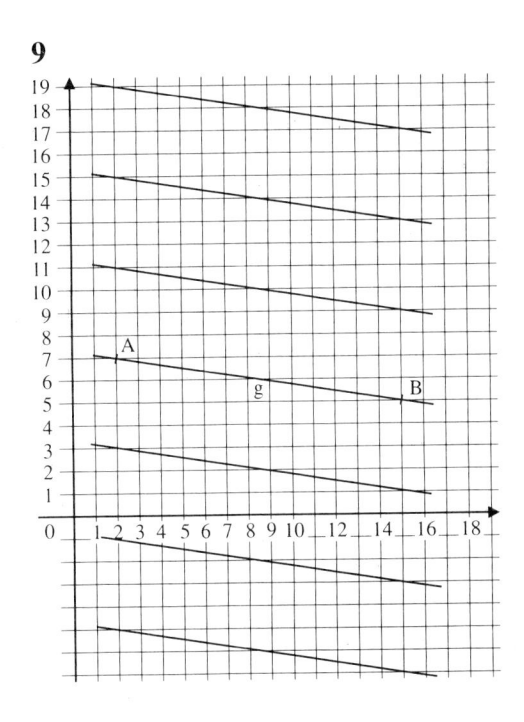

10

Sämtliche Abstände betragen 15 mm.
Korrektur im Schülerbuch:
Der Punkt S muß ein Kästchen weiter nach rechts und ein Kästchen tiefer liegen.

7

$g \parallel h$, $i \parallel k$, $l \parallel m$,
$h \perp i$, $g \perp i$, $g \perp k$, $h \perp k$

Seite 74

10

Zwei rechte Winkel erzwingen Parallelität.

11

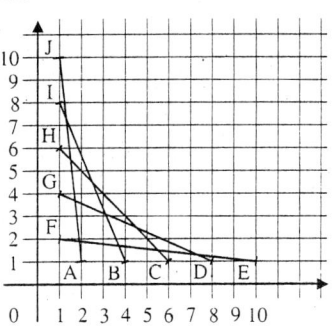

12

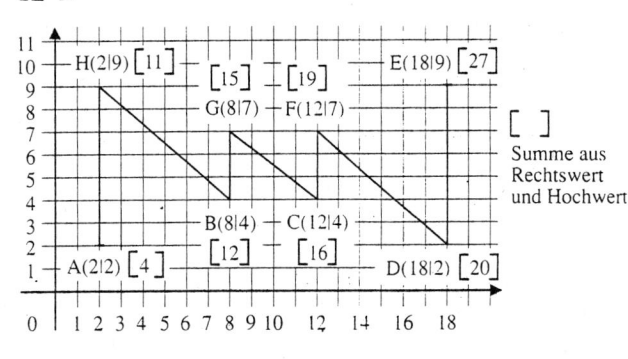

13

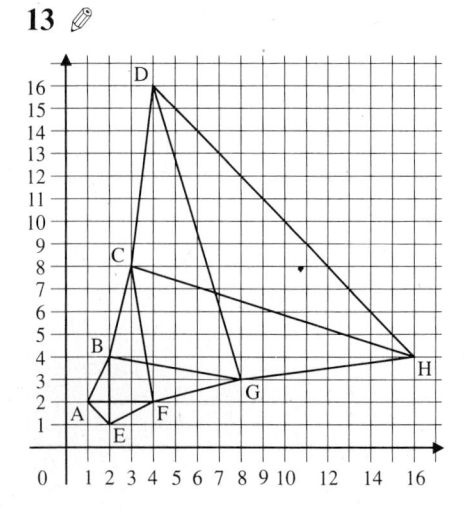

14

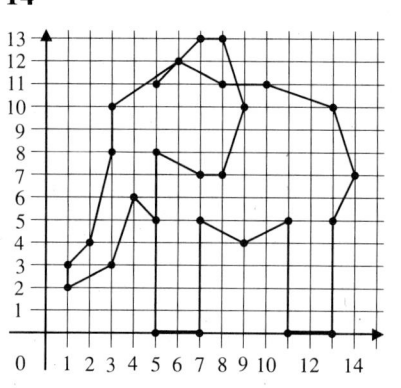

15

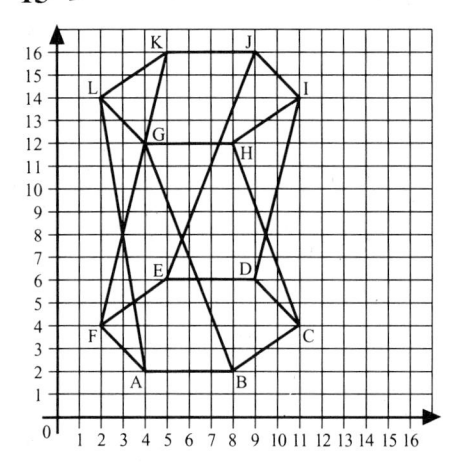

16

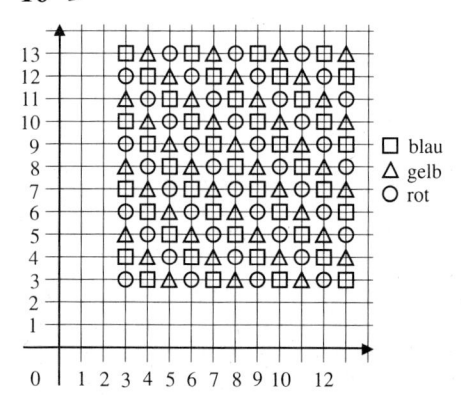

Vermischte Aufgaben

Seite 75

17
a) 18 mm   b) 33 mm

18 ✎
Die Eckpunkte des Dreiecks seien A, B, C (A „links unten", B „rechts unten").

	P	Q	R
$\overline{AB}$	22 mm	7 mm	5 mm
$\overline{BC}$	19 mm	3 mm	22 mm
$\overline{AC}$	18 mm	68 mm	39 mm
	59 mm	78 mm	66 mm

Die Abstandssumme des Punkts P ist am kleinsten.

19
Jeweils von Stadtmitte zu Stadtmitte gemessen:

Papenburg – Cloppenburg	3,4 cm ≙ 51 km
Meppen – Vechta	4,6 cm ≙ 69 km
Verden – Sulingen	2,8 cm ≙ 42 km
Nienburg – Meppen	8,6 cm ≙ 132 km
Delmenhorst – Achim	2,0 cm ≙ 30 km

Die Luftlinie ist der kleinstmögliche Abstand.

Wege im Gitter

Das Gitter ist ein Graph mit 4 Ecken zweiter Ordnung, 8 Ecken dritter Ordnung und 4 Ecken vierter Ordnung. Ein Graph läßt sich genau dann als nicht geschlossener Eulerscher Kantenzug darstellen, wenn er genau 2 Ecken ungerader Ordnung hat. Man muß hier also einen solchen Graph durch „Löschen" von Kanten herstellen; der Eulersche Kantenzug wird so lang wie möglich, wenn so wenig wie möglich Kanten gelöscht werden. Hier sind dies drei (s. Abb.). Der ursprüngliche Graph hat 24 Kanten, der längste Weg hat also $24 - 3 = 21$ Kanten.

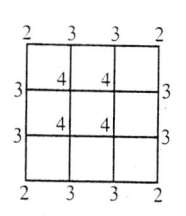

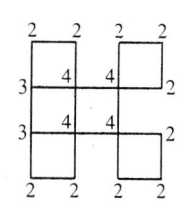

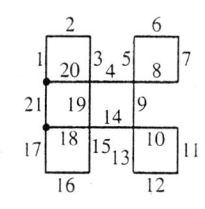

Die Zahlen geben die Eckenordnungen an

Die Zahlen geben eine mögliche Kantenfolge an

Die entsprechende Überlegung ergibt beim zweiten Gitter einen maximalen Weg von $38 - 5 = 33$ und beim dritten Gitter von $17 - 2 = 15$.

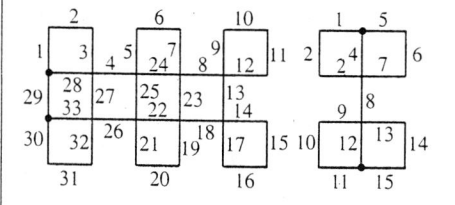

Daß durch mehr als zwei Ecken, in denen Kanten in ungerader Anzahl zusammenkommen, das Zeichnen in einem Zug verhindert wird, ist leicht zu erklären: eine solche Ecke kann nur Anfangs- oder Endpunkt des Wegs sein, denn in jede Ecke, in der der Weg weder beginnt noch endet, muß der Weg ebensooft hineinlaufen wie aus ihr hinauslaufen; solche „inneren" Ecken des Wegs müssen also von gerader Ordnung sein.

Wir müssen hier nicht den allgemeinen (übrigens nicht schwierigen) Beweis für den oben angeführten Satz antreten; für die Schülerinnen und Schüler genügt es, die Wege im konkreten Fall zu finden, nachdem die „Hindernisse" ausgeschaltet sind.

Der kürzeste Weg ist leicht zu finden: Da die Punkte untereinander mindestens die Entfernung 1 haben, muß ein 9 Punkte verbindender Weg mindestens die Länge 8 haben. Einen solchen zeigt die Abbildung. Die Spiegelung an $\overline{AB}$ ergibt einen zweiten kürzesten Weg; alle anderen Wege sind länger.

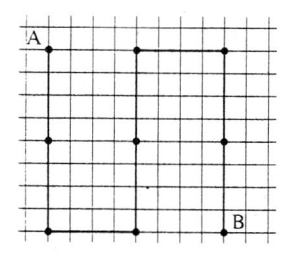

Ein Weg maximaler Länge von A nach B ist nicht so leicht zu finden. Man läßt sich vom Grundgedanken leiten, möglichst viele Strecken zusammenzusetzen, die weit entfernte Punkte verbinden, ohne dazwischen einen Punkt zu durchlaufen. Das führt zu einem „Zick-Zack-Kurs".

1 2

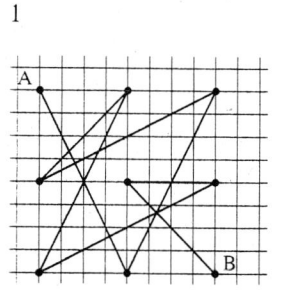

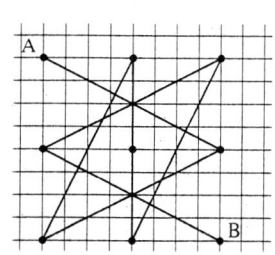

Zwischen den zwei gezeigten Wegen können die Schülerinnen und Schüler nur durch genaues Messen unterscheiden; die Längeneinheit sollte mindestens 2 cm betragen. Nach einigen Versuchen wird sich wohl herausstellen, daß es unzweckmäßig ist, Strecke für Strecke immer wieder zu messen. Stattdessen sollten die Weglängen als Vielfachsummen der Streckenlängen 1 LE, 1,4 LE und 2,2 LE berechnet werden. (Die zwei letzt-

Vermischte Aufgaben

genannten entstehen aus Näherungswerten für $\sqrt{2}$ und $\sqrt{5}$.)

Die Länge des ersten Wegs (Abb. 1) beträgt exakt
$(5\sqrt{5} + 2\sqrt{2} + 1)$ LE $\approx 15{,}0$ LE,
die des zweiten (Abb. 2)
$(6\sqrt{5} + 2)$ LE $\approx 15{,}4$ LE.

Dieser ist der maximale Weg. Man kann zur Begründung überlegen, daß sich 6 Strecken der Länge $\sqrt{5}$ LE nur wie abgeleitet (Abb. 2) oder an $\overline{AB}$ gespiegelt plazieren lassen; der Lückenschluß durch 2 Strecken der Länge 1 LE ist dann zwingend. Es ist nicht möglich, 7 oder 8 Strecken der Länge $\sqrt{5}$ LE zusammenhängend im Gitter unterzubringen. Alle Wege mit 5 solchen Strecken müssen mindestens eine Strecke der Länge 1 LE enthalten, haben also höchstens die Länge 15,0 LE. (Statt hier zeichnend zu probieren, kann man sich überlegen, daß die Horizontalkomponenten und die Vertikalkomponenten aller Strecken eines Weges, mit Vorzeichen gerechnet, jeweils die Summe 2 haben müssen. Das ist mit 5 Wegen der Länge $\sqrt{5}$ LE und 3 Wege der Länge $\sqrt{2}$ nicht möglich.) Alle Wege mit 4 oder weniger Strecken der Länge $\sqrt{5}$ LE kommen nicht auf die Länge 15,4 LE.

Der Gärtner sagt sich, daß „Reihen" nicht parallel sein müssen. Also zieht er vier sich jeweils schneidende Geraden und pflanzt in jedem der 6 Schnittpunkte einen Baum.

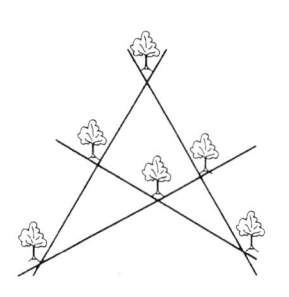

Thema: Wir basteln für Weihnachten

Diese Themenseiten können verschieden genutzt werden:
Es kann im Mathematikunterricht gebastelt werden (warum eigentlich nicht?!), es kann am Nachmittag (auch mit Eltern) gebastelt werden, auch die Klassenlehrerin/der Klassenlehrer kann erfahren, wie ihre/seine Schülerinnen und Schüler mit dem Geodreieck umgehen können. Alle Bastelvorschläge sind mehrfach ausprobiert worden, und sie haben allen Beteiligten großen Spaß gemacht. Wichtig ist, daß die Lehrkraft ein Muster mit in den Unterricht bringt, damit die Schülerinnen und Schüler vor Augen haben, wie ihr Produkt aussehen wird, und damit auch die Lehrkraft die eventuell auftretenden Schwierigkeiten einschätzen kann.

Seite 76

1
Beim Zusammenkleben ist zu beachten, daß die Folie in Verbindung mit einem Kleber stark färbt.

2
Die Linie, die die Endpunkte der Einschnitte verbindet, muß möglichst parallel sein zur oberen Kathete des Dreiecks. Besonders schön sieht es aus, wenn mehrere dieser zweifarbigen Sterne im Abstand von etwa 10 cm untereinandergehängt werden.

Seite 77

3
Wenn das Motiv aus mehreren Einzelteilen besteht, müssen alle diese Einzelteile halbiert und aufgeklebt werden. Das sieht nicht immer so schön aus, wie sich die Schülerinnen und Schüler das vorstellen. Um Enttäuschungen zu verhindern, sollten solche Motive erst mit einfachem Papier gelegt werden, damit die Schülerinnen und Schüler eine Vorstellung von ihrem Motiv bekommen.

4
Der transparente Stern ist wirklich sehr schön, aber er stellt auch hohe Anforderungen an die Bastelnden. Dennoch ist es möglich, ihn von Fünftkläßlerinnen und Fünftkläßlern herstellen zu lassen. Wir haben es ausprobiert! Am schönsten sieht der Stern am Fenster aus. Die Befestigung geschieht am besten an mehreren Sternspitzen mit durchsichtigem Doppelklebeband. Aber auch mit Tesafilm ist eine Befestigung möglich.

IV Multiplizieren und Dividieren

Im 17. Jahrhundert versuchten mehrere Wissenschaftler mechanische Rechenmaschinen zu bauen. Blaise Pascal und Leibniz gehören wohl zu den bekanntesten.

Die erste Rechenmaschine der Welt wurde 1623 in Tübingen konstruiert und gebaut. Mit nur elf drehbaren Teilen beherrschte sie die vier Grundrechenarten im Zahlenraum von Null bis zu einer Million. Ersonnen wurde sie von dem württembergischen Pfarrer und Universalgenie Wilhelm Schickardt (1592 bis 1635). 1623 war Schickardt Professor an der Universität Tübingen. Seine Maschine sollte vor allem das Multiplizieren erleichtern. Er benutzte das Prinzip der Rechenstäbe von Neper, von denen er sechs vollständige Sätze auf Zylinder schrieb. Auch das Problem des Übertrags hatte er mit seiner Maschine gelöst.

Von Schickardts Rechenmaschinen berichten nur schriftliche Aufzeichnungen, zum Beispiel in den Briefen an Kepler. Dem Tübinger Professor Freytag-Löringhoff gelang es 1960 die Rechenmaschine nachzubauen.

1 Multiplizieren

Seite 80

1
12 Termine

2
1500 Besucher

3
a) 10; 24; 4; 21
   56; 85; 126; 285
b) 24; 48; 51; 57; 116; 212

4
a) 4 · 2   b) 4 · 5   c) 3 · 12

Seite 81

5

	a)	b)	c)	d)
	8	14	48	36
	12	32	63	0
	10	45	54	56
	15	14	42	25
	20	24	72	0
	12	24	64	54

7

	a)	b)	c)
	32	78	144
	51	77	126
	65	75	90
	76	108	90
	36	136	144
	30	84	152
	56	133	153
	54	128	98

8

	a)	b)	c)
	84	203	216
	186	234	286
	205	392	297
	128	112	385
	306	413	104
	496	891	318
	497	228	396
	252	553	525

9
Vorbereitung auf die Primfaktorzerlegung

10
6 · 5 = 30 Produkte

11
a) 5 · 12 < 8 · 12 < 12 · 9
b) 4 · 16 < 5 · 17 < 9 · 13
c) 2 · 17 < 3 · 14 < 3 · 18

12

8	32	14	21
20	36	56	42
24	28	35	63
16	12	49	28

13

	a)	b)	c)
	300	7000	2800
	1500	1200	15000
	480	9000	5200
	30000	9600	56000

Multiplizieren

Seite 82

▫

·	5	7	9	11
8	40	56	72	88
12	60	84	108	132
15	75	105	135	165
30	150	210	270	330
60	300	420	540	660
120	600	840	1080	1320
250	1250	1750	2250	2750
510	2550	3570	4590	5610

14
a) BUGS BUNNY
b) KAROTTEN

15
a) 399 b) 720 c) 300
d) 169 e) 296 f) 515

16
a) 384 b) 533 c) 854

17

7	5		1	1	7
	4	2	0		2
1		6	0	3	0
4	8	0		3	
7	8		6	6	6
	8	6	4		8

18 ✳
a) $6 \cdot 54 = 324$ b) $4 \cdot 56 = 224$
c) $6 \cdot 45 = 270$ d) $6 \cdot 54 = 324$

19
a) 32; 58; 74; 236; 518; 728; 1064; 1622; 1914
b) 57; 99; 156; 321; 1275
c) 540 d) 63 e) 180 f) 102

20
480 Scheiben

21
60 Angebote

22
24 Schlüssel

23
35 Wege (mit Zeichnung in der Klasse veranschaulichen)

2 Potenzieren

Seite 83

1
$4^3 = 64$

2 ✳

16 Urgroßeltern; 256 UrUrUrgroßeltern; $4^6 = 4096$

3
a) 256; 216; 15 129; 1331
b) 64; 10 000; 1; 81

4
a) 8; 9; 27 b) 16; 16; 4
c) 32; 256; 64 d) 144; 196; 225
e) 1; 1000; 10 000 f) 729; 400; 900
g) 36; 49; 169 h) 64; 81; 121

Seite 84

5
a) 7^2; 9^2; 10^2; 8^2; 30^2
b) 3^3; 2^3; 5^3; 6^3; 20^3

6
2; 4; 8; 16; 32; 64; 128; 256; 512; 1024

7
10mal; $2^{10} = 1024$

8 ✳
a) —   b) 1. Zeile   c) Quadratzahlen
d) 1; 4; 9; 16; 25; 36; 49; 64; 81; 100; 121; 144; 169; 196; 225; 256; 289; 324; 361; 400

9
a) >   b) =   c) =   d) <
e) >   f) =   g) =   h) <
i) <   k) >

10 ✳
a) 10^3 b) 10^5 c) 10^6 d) 10^2
e) 10^9 f) 10^{12} g) 10^{15} h) 10^{16}

10^4 zehntausend
10^6 eine Million
10^8 hundert Millionen

11
a) 32   b) 6   c) 10   d) 4   e) 1
f) beliebige Zahl

12
a) 144 Stück;
b) 1008; 131

13
1600 Bakterien

14
179 200 Keime;
zur Darstellung Schülern Tabelle empfehlen

Der „kohlweißliche" Stammbaum
100 000 000 Urenkelinnen

---

3 Dividieren

Seite 85

1
45 km

Seite 86

◻

:	2	4	6	12
72	36	18	12	6
96	48	24	16	8

:	2	6	7	14
84	42	14	12	6
252	126	42	36	18

:	2	3	9	15
90	45	30	10	6
270	135	90	30	18

:	3	6	5	15
210	70	35	42	14
630	210	105	126	42

Dividieren

2
a) 9, 8, 9, 9, 7, 15
b) 6, 9, 8, 7, 9, 8
c) 16, 9, 3, 8, 7, 11

3
Selbstkontrolle

4
a) 19; 24; 32; 35; 38; 44; 46; 49
b) 54; 75; 91; 99; 106; 168
c) 250; 750; 1025; 2075; 4125
d) 1111; 4444; 1234; 505; 3545

5
a) 9, 16, 18, 11, 18, 19
b) 14, 15, 18, 16, 14, 19
c) 6, 7, 6, 9, 7, 8

6
a)/b)
□ r b r □
r b □ b r
□ b □ b □
und r → b b □ b b ← und r
□ r b r □

7
a) 24; 16; 12; 6; 4 und 3
b) 25; 10; 5; 2 und 1
c) 16; 8; 4; 2 und 1
d) 50; 25; 20; 10; 5 und 4
e) 45; 30; 15; 10; 6 und 3

8

3	1	4	2
6	2	6	3
9	3	8	4
12	4	12	6
18	6	14	7

9
a) 8, 8, 30
b) 50, 7200, 5
c) 108, 12, 7
d) 8, 8400, 2

10
a)
:	3	6	9	12	36
72	24	12	8	6	2
108	36	18	12	9	3

b)
:	2	3	6	12	16
96	48	32	16	8	6
144	72	48	24	12	9

11
a) 700, 8000, 80
b) 200, 200, 3000
c) 20, 800, 200
d) 5, 3, 20

Seite 87

12
a) 4   b) 14   c) 15
d) 165   e) 12 : 4 = 3   f) 90 : 15 = 6

13
a) 30 cm   b) 6 Stücke

14
16 cm

15

a) $84 : 2 = 42$ b) $24 : 8 = 3$
c) $48 : 2 = 24$ d) $24 : 8 = 3$

16

1	5		1	0	5	0	
2	0		0		4	0	4
5		3	0	0	3		0
	1	0	1	0		4	4
1	1	0		1	2	0	0
	1		8	0	6	0	4

17

a)	8	b)	9	c)	:25	d)	720
	:7		:13		20		160
	56		171		104		:12

18

210	4200	81	280	625
30	70	9	40	25
7	60	9	7	25
7	60	9	7	25
30	70	9	40	25
210	4200	81	280	625

Korrektur im Schülerbuch:
Wert des Quotienten, 4. Spalte: 9

19

5700 kg

20

20 DM; 16 DM

21

200 Kartons

4 Rechengesetze. Rechenvorteile

Seite 88

1

3

2

ja; Assoziativgesetz

Seite 89

3

a) 140; 900; 900; 1100; 1200
b) 1300; 17000; 19000; 7000; 23000

4

Assoziativgesetz
a) 2400   b) 1500   c) 420
d) 13000   e) 70000   f) 14000000
g) 750000 h) 40000

5

Beispiel: $25 \cdot 2 \cdot 4 \cdot 15 = 3000$

6

	3	4	5	9	10
3	9	12	15	27	30
4	12	16	20	36	40
5	15	20	25	45	50
9	27	36	45	81	90
10	30	40	50	90	100

Kommutativgesetz
Symmetrie!

7

Kommutativgesetz
a) 210   b) 36000   c) 90000   d) 3150
e) 150000 f) 900   g) 300000 h) 4200

Rechengesetze. Rechenvorteile

8
Kommutativgesetz
a) 40000 b) 120000000 c) 90000000
d) 7200000 e) 190000

9
a) (7 · 25) · 4 = 700   b) 22 · (5 · 4) = 440
c) (2 · 17) · (5 · 3) = 510
In dieser Einheit ist es sinnvoll, Klammern zu schreiben.

10
a) (75 : 15) : 5 = 1   b) 75 : (15 : 5) = 25
c) 36 : (12 : 3) = 9   d) (36 : 12) : 3 = 1
e) (480 : 12) : 4 = 10   f) 480 : (12 : 4) = 160
g) 280 : (14 : 2) = 40   h) (280 : 14) : 2 = 10

11
a) 800 b) 6000 c) 2100 d) 1875
e) 3500 f) 6300 g) 15600 h) 5400

5 Punktrechnung. Strichrechnung. Klammern

Seite 90

1
Die Regel „Punkt vor Strich" wurde nicht beachtet.

2
35 und 23; 26 und 44

Seite 91

3
a) 8 · 4 + 5 = 37   8 + 4 · 5 = 28
b) 20 · 3 − 6 = 54   20 − 3 · 6 = 2
c) 60 : 10 + 5 = 11   60 + 10 : 5 = 62

4
a) (12 + 6) · 5 = 90   12 · (6 + 5) = 132
b) (6 + 4) · (5 + 2) = 10 · 7 = 70
   (6 + 4) · 5 + 2 = 50 + 2 = 52

5
a) 120 b) 117 c) 48 d) 376
e) 123 f) 0 g) 45 h) 1

6
a) 162 b) 151 c) 68 d) 29
e) 56 f) 34 g) 4 h) 11

7
a) 350 b) 603 c) 90 d) 18
e) 118 f) 81 g) 175

8
a) 48 b) 13 c) 66
d) 43 e) 30

Seite 92

9
a) (43 + 47) · 20 = 1800
b) (257 − 47) : 70 = 3
c) 420 : (22 + 48) = 6
d) 7 · (226 − 17) = 1463

10
27; 21; 4; 8

Bei diesen Aufgaben kann das Zahlenmaterial auch bewußt einfach gehalten werden, um eine stärkere Konzentration auf die strukturellen Merkmale der Rechenausdrücke zu ermöglichen.
Einige Beispiele „für Profis" zur Differenzierung:

[(1 + 2) · 3 − 4] · 5 + 6 · (7 + 8) − 9   (106)
[(1 + 2) · (3 + 4) − 5] · 6 − 7 + 8 · 9   (161)
1 + 2 · [(3 + 4) − 5 + 6] · 7 · (8 + 9)   (1905)
9 + [8 · (7 − 6) · (5 − 4) + 3] · 2 − 1   (30)
[(9 − 8) · (7 − 6) + 5] · (4 + 3) − 2 + 1   (41)
9 + 8 · [7 − (6 − 5) · 4 + 3] · (2 + 1)   (153)
5 · (5 + 5) − 5 · [5 − 5 : 5 − (5 − 5)]   (30)

11

Beispiel auf der Randspalte.

12 ✳

Hier sollte das Aufstellen von Rechenausdrücken im Unterricht behandelt werden.
$(6 \cdot 10 + 7 \cdot 12 + 11 \cdot 15) \cdot 8 \cdot 200 = 494400$ (t)

13 ✳

a) $(3 + 7) \cdot 5$ b) $(3 + 6) \cdot (11 - 2)$
c) $(3 \cdot 3 + 11) \cdot 2$ d) $5 \cdot (6 + 3) \cdot 2$
e) $28 - 2 \cdot (5 + 8)$ f) $(16 + 5) \cdot 4 - 13$
g) $36 \cdot (2 + 3) - 2$ h) $(28 \cdot 5 - 56) : 4$

---

15 gewinnt

Das Anwenden der Rechenhierarchie in Rechenausdrücken kann in vielen verschiedenen Spielen angewendet werden. Besonders geschickt lassen sich diese Spiele zu Beginn der Stunde oder in den letzten zehn Minuten einsetzen, weil dadurch das „Zahlengefühl" immer wieder geschult werden kann.

Noch eine weitere Spielidee:

Mit drei Würfeln für mindestens zwei Spieler. Die Zahlen von 1 bis 10 (oder andere Zahlen) werden vorgegeben. Mit jedem Wurf muß eine dieser Zahlen kombiniert und abgestrichen werden. Wer zuerst alle Zahlen erreicht hat, ist Sieger. Als Variante können die Schüler einer Gruppe auch gemeinsam versuchen, die Zahlen zu erreichen.

---

6 Verteilungsgesetz. Rechenvorteile

Seite 93

1

$(17 + 13) \cdot 18 = 540$

2

$7 \cdot 50 + 7 \cdot 1$; $17 \cdot 100 + 17 \cdot 1$; $8 \cdot 60 - 8 \cdot 1$

Seite 94

3

a) $6 \cdot 7 + 8 \cdot 6 = 90$ und $6 \cdot (7 + 8) = 90$
b) $12 \cdot 9 - 7 \cdot 9 = 45$ und $9 \cdot (12 - 7) = 45$

4

a) 138   b) 732   c) 918
   238   792   1624
   459   1053   3570

5

a) 232   b) 429   c) 686
   351   588   1194
   288   767   1996

6

a) 168   b) 343   c) 612
   217   312   1592
   306   392   484
   558   693   348

7

a) 85   b) 126   c) 156   d) 156
e) 112   f) 344   g) 324   h) 540

8

a) 136   b) 196   c) 234   d) 423
e) 216   f) 306   g) 1188   h) 882

9

a) 250   b) 360   c) 420   d) 720
e) 880   f) 1600   g) 1400   h) 444
i) 600   k) 840

10

a) 80   b) 140   c) 350   d) 135
e) 75   f) 960   g) 990   h) 900
i) 260   k) 1400

Verteilungsgesetz. Rechenvorteile

11
a) 34000 b) 52000 c) 65600 d) 45500
e) 14000 f) 25500 g) 9000   h) 8888

12
a) 360   b) 660
   350   95
   880   66
   630   2400
   160   1100

13
a) $9 \cdot (7 + 23) = 270$
b) $27 \cdot (38 - 28) = 270$
c) $17 \cdot 38 + 17 \cdot 12 = 850$
d) $68 \cdot 13 - 18 \cdot 13 = 650$
e) $215 : 5 + 85 : 5 = 60$
f) $144 : 12 - 96 : 12 = 4$
g) $662 \cdot 13 - 412 \cdot 13 = 3250$

Seite 95

14
a) Multipliziere 7 mit der Summe von 13 und 27. (280)
b) Multipliziere die Differenz von 112 und 12 mit 31. (3100)
c) Addiere die Produkte aus 18 und 22 und 18 und 28. (900)
d) Subtrahiere das Produkt aus 13 und 21 vom Produkt aus 13 und 25. (52)
e) Bilde die Summe aus dem Produkt von 37 und 12 und dem Produkt von 13 und 12. (600)

15
Anwendung Distributivgesetz
a) 204   b) 3222 c) 3565
d) 2928 e) 400   f) 6400

16
Klammern setzen
a) $9 \cdot (5 + 6) = 99$
b) $(55 - 5) \cdot 4 = 200$
c) $(5 + 9) \cdot 10 = 140$
d) $3 \cdot (11 - 7) = 12$
e) $(5 + 13 + 12) \cdot 8 = 240$
f) $(27 + 22 + 21) \cdot 8 = 560$
g) $29 \cdot (7 + 14 - 11) = 290$
h) $15 \cdot (21 + 37 - 43) = 225$
i) $25 \cdot (16 + 14) - 20 = 730$
k) $26 + 15 \cdot (14 + 36) = 776$

17
Distributivgesetz
a) 74 b) 109 c) 54 d) 63
e) 42 f) 47   g) 28 h) 28

18
a) 108 b) 21 c) 31 d) 99

19
270 DM

20
240 DM

21
300 DM $(6 \cdot (7 + 18 + 25))$

22
960 Haken

23
3686 DM $38 \cdot (20 + 23 + 26 + 28)$

7 Schriftliches Multiplizieren

Seite 96

1

„Duplirn und Medirn", also „Verdoppeln und Halbieren", wäre eine schlechte Multiplikationsmethode, wenn einer der Faktoren eine Zweierpotenz sein müßte. Für das Produkt a · b mit ungeradem a benutzt man die Zerlegung

$$a \cdot b = \frac{a-1}{2} \cdot 2b + b.$$

Hier ist $\frac{a-1}{2}$ eine natürliche Zahl, und der Umbau des Produkts $\frac{a-1}{2} \cdot 2b$ kann fortgesetzt werden. Im Rechenschema werden die abgetrennten Summanden in einer eigenen Spalte gesammelt und am Ende zu derjenigen Zahl addiert, die als Faktor im letzten Produkt übrigbleibt.

Beispiele:

22 · 31			58 · 107		
22	31		58	107	
11	62		29	214	214
5	124	124	14	428	
2	248	248	7	856	856
1	496	496	3	1712	1712
		682	1	3424	3424
					6206

Das Verfahren wurde in den mittelalterlichen Klosterschulen gelehrt, ist aber sicher älter. Im Vergleich zur oben gezeigten Art der Anschrift hat man damals weniger geschrieben; die rechts von einem ungeraden Faktoren stehenden Zahlen wurden nur durch einen Strich markiert und, die nicht markierten Zahlen überspringend, addiert.

22	31		58	107	
11	62	/	29	214	/
5	124	/	14	428	
2	248		7	856	/
1	496	/	3	1712	/
		682	1	3424	/
					6206

Im alten Ägypten wurde durch Verdoppeln und Verzehnfachen multipliziert. Der erste Faktor wurde in Vielfache von 10 und Zweierpotenzen zerlegt. Die Beispiele sollten zur Erklärung genügen.

19 · 34			55 · 83	
/	1	34	/ 1	83
/	10	340	/ 10	830
	2	68	20	1660
	4	136	/ 40	3320
/	8	272	2	166
	19	646	/ 4	332
			55	4565

$16 \cdot 52 = 8 \cdot 104 = 4 \cdot 208 = 2 \cdot 416 = 832$
$32 \cdot 35 = 16 \cdot 70 = 8 \cdot 140 = 4 \cdot 280 = 2 \cdot 560 = 1120$
$64 \cdot 125 = 32 \cdot 250 = 16 \cdot 500 = 8 \cdot 1000 = 4 \cdot 2000$
$= 2 \cdot 4000 = 8000$

2

$75 \cdot 60 = 4500$; $4500 \cdot 24 = 108\,000$;
$108\,000 \cdot 365 = 39\,420\,000$

Seite 97

	54	76	98
473	25542	35948	46354
596	32184	45296	58408
372	20088	28272	36456
817	44118	62092	80066
653	35262	49628	63994
794	42876	60344	77812
968	52272	73568	94864

3

a)	693	b)	56812
	1248		12786
	4880		25515
	585		8576
	906		225324
	2849		68036
	2799		190065

Schriftliches Multiplizieren

4
a) 861; 3192; 5523
b) 9872; 454312
c) 8883; 5886; 2889
d) 38082; 33834; 25722

5
Ergebnis 980109801
         989999901
umgekehrt ergibt es den 1. Faktor

6
a) 13680   b) 245200
   16380   274400
   53760   80900
   24560   81680
   89910   637200

7
a) 3621;   7667;   10642
b) 9476; 16974; 21114
c) 15825; 20275; 18450
d) 38254; 42656; 72571

8
a) 5216   b) 23238
    8778   105125
   13851   67485
   24185   260304
   28905   270090

9
a)   26624   b)   369152   c) 1458456
      9810   268916   897312
     13314   284832   4940588
d) 712062   e) 3112200   f) 2553252
   1360696   2971600   1326556
   1088320   3325800   3940818

10
a) 6121206   b) 30525
   12242412   43956
   20404020   59829
   30606030   78144
   42848442   98901

11
Selbstkontrolle
a) REGENBOGEN
b) SCHIRM
c) GEWITTER

12 ✳
Selbstkontrolle
a) 439 · 47   b) 239 · 28
    1756   478
    3073   1912
   20633   6692
c) 2407 · 648   d) 6048 · 397
    14442   18144
     9628   54432
    19256   42336
  1559736   2401056

Seite 98

13
a) 46919   469160
   446336   297980
   258038   6974
b) 413 · 65 = 26845
   413 · 56 = 23128
   413 · 605 = 249865
   413 · 506 = 208978
   413 · 650 = 268450
   413 · 560 = 231280
   413 · 11 =   4543

14
Aufgabe mit roter Karte.
Häufige Fehlerquellen: Überträge, Umgang mit der Null, stellengerechtes Notieren der Teilprodukte
a) 6758   b) 29526   c) 72285   d) 167400

15
a) 884
 7176
 10626
b) 11556
 114075
 7656

16
a) 160335
 103332
b) 444924
 25402572

17

	1	5	9	8	
7		5		1	
0		8	4	6	3
4	3	6	8		3
2			7	5	9
	9	3	6		3

Knobelei und Zauberei
a) 811 · 81   b) 699 · 61   c) 4242 · 4
d) 13 · 131   e) 1 · 1111   f) 555 · 55

13 · 245 = 3185

$33334^2 = 1111155556$

111111111 · 111111111 = 12345678987654321

```
 555 · 555         5555 · 5555
    25                25
  2525              2525
252525            252525
  2525          25252525
    25            252525
308025              2525
                      25
                30858025

111111111      222222222
444444444      555555555
666666666      999999999
```

Seite 99

18
21900 Seeschiffe, 29200 Binnenschiffe
1277500 Eisenbahnwaggons, 1460000 LKW

19
66000000 t

20
a) 2400000 kg   b) 15000000 Bananen

21
37040 m (≈ 37 km)

22
a) etwa 31 bis 32 km   b) etwa 42 bis 43 km

23
Aus Aufgabe 23 läßt sich ein kleines Projekt machen, Zusatzmaterial von DB besorgen.
a) 156000 Schwellen
b) 405600 kg
c) 81120000 kg
d) 60000 kg
e) 240 km
f) etwa 25 Minuten

8 Schriftliches Dividieren

Seite 100

1
3696 DM;   616 Karten

2
98 ist nicht ohne Rest durch 12 teilbar.

Schriftliches Dividieren   101–102

Seite 101

3
a) 147   b) 217   c) 173
   117   327   138
   137   142   321
   133   123   122

4
a) 94   b) 89   c) 73
   98   97   99
   68   87   57

5
a) 1245   b) 1237   c) 1379
   1397   1358   2731
   1357   1376   879

6
a) 689   b) 679   c) 669
   589   897   689
   897   687   879

7
a) 268; 348; 276; 689
b) 319; 489; 367; 573
c) 428; 618; 584; 617
d) 568; 712; 337; 876

8
a) 4567890   b) 3456789
c) 2345678   d) 1234567

9
Übung für den Überschlag beim Dividieren.
a) 4; 3; 3; 6; 5 ⎫
b) 7; 4; 6; 5; 3 ⎪
c) 3; 9; 7; 9; 5 ⎬ jeweils mit Rest
d) 6; 4; 6; 3; 1 ⎪
e) 8; 6; 7; 7   ⎭

Seite 102

10
a) 234   b) 563
   358   321
   283   345
   246   456
   346   404
   246   505

11
a) 1041   b) 2006
   2008   899
   1504   808
   1023   908
   1909   809

12
a) 141   b) 654
   282   543
   234   878
   181   303
   152   232

13
SKATEBOARD

14

1	2	3		5	6	7		8	8
3	4				0		6	6	6
5	6	7		1	6	3	5	4	
	8	8	2	2	0		4	2	4
1		9	6	3		3	3		
2	6		6	4	4	5		5	
2	6	6	2		3	5	5	5	3
1	6			1	2	3	4	5	

Schriftliches Dividieren

15

a) 17784 : 741 = 24
　　−1482
　　　2964
　　−2964
　　　　　0

b) 3068 : 13 = 236
　　−26
　　　46
　　−39
　　　78
　　−78
　　　　0

c) 8520 : 24 = 355
　　−72
　　　132
　　−120
　　　120
　　−120
　　　　0

d) 228730 : 257 = 890
　　−2056
　　　2313
　　−2313
　　　000
　　−000
　　　　0

16

Eine solche Zahl ist stets ein Vielfaches von 1001.
Da $1001 = 7 \cdot 11 \cdot 13$, ist jedes Vielfache von 1001 durch 7, 11 und 13 teilbar.

17

a) 235 R 4
　232 R 6
　234 R 6
　323 R 5

b) 241 R 6
　351 R 1
　414 R 2
　525 R 2

c) 222 R 4
　239 R 18
　196 R 41
　118 R 45

18

a) 100 : 7　R 2
　⋮
　800 : 7　R 2

b) 100 : 11　R 1
　⋮
　1200 : 11　R 1

Seite 103

19

a) 45
　456
　707
　333
　444

b) 26 R 16
　296 R 8
　3132 R 4
　543 R 2
　636 R 14

20 ✳

107; 128; 149; 170; 191

21

a) 50458 : 11;　50505 : 11
b) 17341 : 17;　52021 : 17

22

a) 4 und 8　　b) 0 und 5　　c) 0; 3; 6 und 9

23

a) 4072 : 8　　b) 630 : 35
c) 87 : 15　　d) 856 : 214
e) 9657 : 9　　f) 6252 : 12

24

123: 6027 : 49; 38991 : 317; 2214 : 18
213: 6177 : 29; 46647 : 219; 16614 : 78
312: 17784 : 57; 30576 : 98; 129792 : 416

25

75 kg

26

6er Packung 4000　　10er Packung 2400　　12er Packung 2000　　18er Packung 1334　　36er Packung 667
(auf den Rest achten bei 18er Packung und 36er Packung)

27

480 Kartons

28

586 Tüten

29

$4 \cdot 2620 = 10480$, da eine zweigleisige Bahnlinie vier Schienenstränge hat.

Vermischte Aufgaben

30
15 DM

31
a) 124 DM   b) 15,50 DM

Seite 104

32
23 DM

33 *
a) 1 Stunde 30 min   b) 5840 Umläufe

34
160 Umdrehungen

35 *
a) 4–6mal   b) etwa 7 Tage

36 *
a) 223 Stunden   b) 7 cm   c) 15 m

37 *
10000000 Flüge

38 *
Sperling etwa 1 m; Turmfalke etwa 4 m; Mauersegler etwa 4 m

6 Vermischte Aufgaben

Seite 105

1
Kopfrechnen in der Klasse

2
Kopfrechnen in der Klasse

3
$7 \cdot 35 = 245$ $6 \cdot 43 = 258$
$4 \cdot 26 = 104$ $6 \cdot 24 = 144$
$3 \cdot 56 = 168$ $5 \cdot 47 = 235$

4
a) 28 — 868 — 378
   | | |
   812 — 1053 — 14742
   | | |
   1404 — 37908 — ⬜30000⬜ Kontrollzahl

b) 4 — 48 — 21
   | | |
   96 — 60 — 420
   | | |
   110 — 1320 — ⬜1234⬜ Kontrollzahl

c) Selbstkontrolle

5
a) 4; 400; 4
b) 7; 70; 700
c) 700; 7; 7

6
a) 1500   b) 11   c) 3290   d) 676

7

a) 3   b) 0   c) 1230   d) 27
e) 58   f) 20   g) 4   h) 273

8

a) 26 624   b) 13 314   c) 289 842
d) 9 585   e) 48 864   f) 158 948
g) 15 768   h) 168 480   i) 248 454
k) 342 504   l) 245 936   m) 538 936

9

a) 22 718   b) 110 688   c) 605 028
d) 56 236   e) 191 292   f) 3 590 544
g) 92 235   h) 694 668   i) 305 520
k) 693 316   l) 2 657 286   m) 4 353 720

10

a) 0   b) 0   c) 6308   d) 68 000

11

a) 136 500   b) 25 874
c) 9 471   d) 11 400

12

a) 64   12   7   81
b) 32   10   7   25
c) 27   9   6
d) 5   5   6   1

Seite 106

13 ✳

a) $(83 + 56) \cdot (312 - 85) = 31553$
b) $(221 : 13) \cdot (713 + 829) = 26214$
c) $(11510 - 1214) : (11 \cdot 13) = 72$
d) $(51 - 18) \cdot 35 + 1001 : 13 = 1232$

14
WINTERFERIEN

15
BIENE MAJA

16
Man erhält immer 1.
In der Klasse 8 kann man es mit der dritten binomischen Formel erklären.
$a^2 - (a + 1) \cdot (a - 1) = a^2 - (a^2 - 1) = 1$
$24^2 - 25 \cdot 23 = 24^2 - (24^2 - 1) = 1$

17 ✳

$3512 : 4 = 878$

18

a) 152 843 769
b) 139 854 276
c) 361 874 529
d) 326 597 184
e) 412 739 856
f) 923 187 456

19

a)   11   b)   45
    1111   5445
  111111   554445

20

Kopfrechnen ist ein Klassiker im Mathematikunterricht. Es verliert nie an Aktualität und wird von vielen Lehrerinnen und Lehrern äußerst variantenreich praktiziert. Das ist nicht erst heute so: Einige der interessantesten Tricks und Kniffe können wir von unseren Vorfahren abschauen, die noch nicht auf den bequemen Gebrauch eines Taschenrechners zurückgreifen konnten.*

Verblüffen Sie Ihre Schülerinnen und Schüler doch einmal, indem Sie das Produkt von 93 · 98 oder 46 · 46 mühelos im Kopf berechnen. Während Ihre Fünftklässler wahrscheinlich staunen und das Ergebnis schriftlich

---

* Eine Vielzahl solcher Rechenkniffe finden Sie in: Karl Menninger, *Rechenkniffe — lustiges und vorteilhaftes Rechnen*, Vandenhoeck & Ruprecht.

Vermischte Aufgaben

106

nachrechnen werden, bietet sich in Klasse 7 und 8 die Möglichkeit an, nach diesem lockeren Auftakt den algebraischen Hintergrund der Rechnung aufzuarbeiten. Das Aufstellen von Termen, Termenumformungen, Gleichungen, binomischen Formeln finden so eine interessante Anwendung.

46 · 46 = ?

1. Schreiben Sie die Differenz der Zahl zu 25 (46 − 25 = 21).
2. Bilden Sie das Quadrat der Differenz zur 50 ($50 - 46 = 4$; $4^2 = 16$) und hängen Sie es zweistellig an: 2116.

$$
\begin{array}{l}
46 \cdot 46 \\
\hline
46 - 25 = 21 \\
50 - 46 = 4;\ 4^2 = 16 \\
\hline
46 \cdot 46 = 2116
\end{array}
$$

Algebraischer Hintergrund:
$$x^2 = (x - 25) \cdot 100 + (50 - x)^2$$
$$= 100x - 2500 + 2500 - 100x + x^2$$

Geeignete weitere Aufgaben:
Es sollte sich immer um Quadrate in der Nähe der Zahl 50 handeln, also 42 · 42, 47 · 47, ..., aber auch 52 · 52, 57 · 57, ...
Ein weiterer „Rechentrick" für die Quadratzahlen von 15, 25, 35, ..., 95
Beispiel: $45^2 = 40 \cdot 50 + 25 = 2000 + 25 = 2025$
         ╱   ╲
        40   50

algebraisch:
$$a^2 = a^2 - 25 + 25 = (a - 5)(a + 5) + 25$$

93 · 98 = ?

1. Bestimmen Sie die 100-Ergänzung (7 bzw. 2).
2. Ziehen Sie von der ersten Zahl die 100-Ergänzung der zweiten ab oder umgekehrt (93 − 2 = 91; 98 − 7 = 91).
3. Hängen Sie das Produkt der Ergänzungen (7 · 2 = 14) zweistellig an: 9114.

$$
\begin{array}{l}
93 \cdot 98 \\
\hline
98 - 7 = 91 \\
(93 - 2 = 91) \\
7 \cdot 2 = 14 \\
\hline
93 \cdot 98 = 9114
\end{array}
$$

Algebraischer Hintergrund:
1. Zahl: x   100-Ergänzung $a = 100-x$
2. Zahl: y   100-Ergänzung $b = 100-y$

$$x \cdot y = [x - (100-y)] \cdot 100 + (100-x) \cdot (100-y)$$
$$= 100x - 10000 + 100y + 10000 - 100x - 1000y + x \cdot y$$
$$= x \cdot y$$

Geeignete weitere Aufgaben:
91 · 96, 92 · 93, 89 · 95, ...   998 · 993, ...
(entsprechend mit 1000-Ergänzung)

21 ✶

a) $\begin{array}{r} 182 \cdot 17 \\ \hline 182 \\ 1274 \\ \hline 3094 \end{array}$

b) $\begin{array}{r} 637 \cdot 27 \\ \hline 1274 \\ 4459 \\ \hline 17199 \end{array}$

c) $\begin{array}{r} 377 \cdot 538 \\ \hline 1885 \\ 1131 \\ 3016 \\ \hline 202826 \end{array}$

d) $\begin{array}{r} 781 \cdot 1001 \\ \hline 78100 \\ 781 \\ \hline 781781 \end{array}$

e) $\begin{array}{r} 28348 : 746 = 38 \\ -2238 \\ \hline 5968 \\ -5968 \\ \hline 0 \end{array}$

f) $\begin{array}{r} 6105 : 111 = 55 \\ -555 \\ \hline 555 \\ -555 \\ \hline 0 \end{array}$

g) $\begin{array}{r} 27820 : 65 = 428 \\ -260 \\ \hline 182 \\ -130 \\ \hline 520 \\ -520 \\ \hline 0 \end{array}$

h) $\begin{array}{r} 35632 : 68 = 524 \\ -340 \\ \hline 163 \\ -136 \\ \hline 272 \\ -272 \\ \hline 2 \end{array}$

Vermischte Aufgaben

Seite 107

22
a)
```
            1 6
        1 1 5 6
      1 1 1 5 5 6
    1 1 1 1 5 5 5 6
```
b)
```
        1 1
       1 1 1
      1 1 1 1
     1 1 1 1 1
```
c)
```
        8 8
       8 8 8
      8 8 8 8
     8 8 8 8 8
```
d)
```
        1 1
       2 2 2
      3 3 3 3
     4 4 4 4 4
```

23
```
    47250
  90   525
 6  15   35
 2  3  5  7
```

24
330 km

25
19 200 m (hin und zurück)

26
15 840 km (hin und zurück)

27
nach 5 Jahren

28
16 Seiten

29
0,55 DM

30
92 378 DM

31 ✷
149 531 600 km

32 ✷
a) ca. 14 022 km
b) ca. 5 km/h
c) ca. 86 km

Thema: Gesunde Ernährung

Thema: Gesunde Ernährung

Gesunde Ernährung ist ein Thema, das im Projektunterricht immer wieder auftaucht. Als wichtiger Teil der Gesundheitserziehung bietet es sich auch für den fächerübergreifenden Unterricht an. Interessierte Lehrerinnen und Lehrer werden sicherlich die Themenseiten als Anregung verstehen und viele eigene Ideen und Möglichkeiten finden.

Seite 108

1
a) Mit dem Mittagessen sollte ein Schulkind die größte Menge an Eiweiß aufnehmen.
b) etwa 110 g Kohlenhydrate
c) täglich   wöchentlich
   79 g Eiweiß   553 g Eiweiß
   97 g Fett   679 g Fett
   361 g Kohlenhydrate   2527 g Kohlenhydrate

2
a) Der Junge ist 7 kg schwerer als das Mädchen
Der Junge (130 cm) ist 15 cm kleiner als das Mädchen (145 cm)
b) Der Junge sollte zwischen 23 und 33 kg wiegen
Das Mädchen sollte zwischen 30 und 45 kg wiegen
c) Der Junge hätte bei einer Größe von 134 cm – 152 cm das richtige Gewicht.
Das Mädchen hätte bei einer Größe von 122 cm bis 140 cm das richtige Gewicht.

Seite 109

3
a) $400 : 13 = 30 + 10 : 13$
Man müßte 31 Minuten Fußball spielen.

5
Für die Obstbowle werden benötigt:
  15 l Wasser
  120 Teelöffel Malven
  900 g Honig
  15 Zitronen
  15 l Erdbeersaft
  7500 g = 7,5 kg Erdbeeren

Für den Früchtespieß müssen eingekauft werden:
  60 Scheiben Mehrkornbrot
  600 g Butter
  3000 g = 3 kg Tofu
  30 kleine Bananen
  30 mittelgroße Äpfel
  30 Kiwis
  30 Orangen
  600 g Honig
  1200 g gehackte Pistazien
  1200 g Sesam
  120 Salatblätter

V Aussagen. Gleichungen und Ungleichungen

Aussagen im Spiel

Hier werden die Schülerinnen und Schüler anhand des Spieles „Teekesselchen" an die Bedeutung eines Platzhalters herangeführt. Die Lehrkraft kann den Schülerinnen und Schülern vor Beginn der ersten Stunde die Hausaufgaben erteilen, sich doppeldeutige oder sogar mehrdeutige Worte zu überlegen. Als Beispiel werden hier Birne und Bank genannt.
Weitere Beispiele sind:
Brille, Blatt, Nagel, Ring, Kette, Hörer, Ball, Gummi und Ordner.

Gleichungen und Ungleichungen im Spiel

Jeder kennt die Situation, man steht beim „Mensch-ärgere-Dich-nicht" spielen vor dem Haus und ist fast fertig. Man hofft, daß der Mitspieler oder die Mitspielerin keine 2 würfelt, sonst muß man eine neue Runde laufen.
Ohne es zu wissen, verwenden Schülerinnen und Schüler im Alltag Gleichungen und Ungleichungen:
„Wenn ich eine 3 schreibe, bekomme ich noch eine 2 im Schriftlichen."
„Noch mindestens 5 DM muß ich sparen, dann kann ich mir einen Fahrradhelm kaufen."
Auch hier kann die Lehrkraft die Schülerinnen und Schüler dazu auffordern, mehr Beispiele zu suchen, um das Verständnis für Gleichungen und Ungleichungen zu fördern.

1 Aussagen und Aussageformen

Seite 112

1
Vater ist 180 cm groß.
Mutter ist 170 cm groß.
Uwe ist 130 cm groß.
Rita ist 90 cm groß.

2
a) Vater ist größer als Rita.
   Vater ist größer als Uwe ... .
   Rita ist kleiner als Mutter.
   Uwe ist kleiner als Mutter ... .
b) Vater > Rita, Vater > Uwe ...
   Rita < Mutter, Uwe < Mutter ...
c) Vater > Mutter > Uwe > Rita

3
a) Ein Hund hat 4 Beine.
c) Kai ist lieb.
d) $24 : 8 = 3$

4
a) Klaus ist ein Junge.
c) Ägypten ist ein Staat.

Seite 113

5
Aussagen
a) $1000 : 100 = 10$
c) $410 + 2112 = 2512$
e) $7132 < 7133$
f) $5 \cdot 8 < 50$
g) $555 - 10 = 535 + 10$

Aussageform
b) $7 \cdot x = 56$
k) $(345 - 154) + z < 200$

Terme
d) $36 \cdot 34$
h) $15 + a \cdot 5$
i) $234 + 11 - 235 + 10$

7
a) Klaus hat □ Augen.
c) Meine Lieblingsfarbe ist □.
d) $18000 : □ = 300$
e) $500 + □ < 4000$

8
a) In meiner Klasse sind □ Jungen.
b) In meiner Klasse gib es □ Mädchen und □ Jungen.
c) Das Alphabet hat 26 Buchstaben.
d) Jede Katze besitzt einen Schwanz.
e) Katzen jagen mit Vorliebe Mäuse.

10
a) $L = \{9\}$ b) $L = \{30\}$
c) $L = \{..., 521, 522\}$ d) $L = \{411, 412, ...\}$
e) $L = \{800\}$ f) $L = \{13\}$
g) $L = \{19\}$ h) $L = \{\ \}$
i) $L = \{3, 4, ...\}$ j) $L = \{21\}$

12
a) Beispiel:
   Familie Reinhard gibt 810 DM für Miete aus. (wahre Aussage)
   Familie Reinhard gibt 900 DM für Miete aus. (falsche Aussage)
b) Beispiel:
   Familie Reinhard gibt x DM für Miete aus.
   $x = 810$
c) $810 + 1510 + 490 + 320 + 310 + 210 + 290 = 3940$

13
Beispiele:
$15 + x = 26$ (11) $15 + x < 26$ (0 bis 10)
$26 - x = 15$ (11)

14
a) $L = \{12\}$ b) $L = \{48\}$ c) $L = \{122\}$
d) $L = \{2410\}$ e) $L = \{6\}$ f) $L = \{25\}$
g) $L = \{60\}$ h) $L = \{10\}$

15
a) $39 + x = 135$ $L = \{96\}$
   $x > 135$ $L = \{136, 137, ...\}$
   $190 + y < 1000$ $L = \{..., 808, 809\}$ usw.
b) $\underline{39 + x = 135}$ $\underline{x > 135}$ $\underline{190 + y < 1000}$
c) siehe a)

2 Grundmengen und Lösungsmengen

Seite 114

1

a) 5, 11, 28, 39   Nicht: 45, 93, 189

2

a) $L = \{4\}$ b) $L = \{5\}$ c) $L = \{7\}$
d) $L = \{\ \}$ e) $L = \{16\}$ f) $L = \{27\}$

3

a) $L = \{0, 1, 2, 3, 4\}$ b) $L = \{33, 34, 35, ...\}$
c) $L = \{11, 12, ...\}$ d) $L = \{0, 1, 2, ..., 19\}$
e) $L = \{8, 9, ..., 18\}$ f) $L = \{6, 7, 8, ...\}$

Seite 115

4

a) $L = \{4\}$ b) $L = \{0, 1, 2, 3\}$ c) $L = \{4\}$

5

$L = \{2, 4, 6\}$

6

Beispiel:
a) $12 + a = 16$, $16 - x > 12$
b) $L = \{4\}$, $L = \{0, 1, 2, 3\}$

7

a) $L = \{2\}$ b) $L = \{5\}$
c) $L = \{0, 1, 2\}$ d) $L = \{3, 4, 6, 8, 12, 24\}$

8

a) $L = \{..., 17, 18\}$ b) $L = \{0, 1, 2, 3, 4\}$
c) $L = \{\ \}$ d) $L = \{6\}$
e) $L = \{3\}$ f) $L = \{10\}$
g) $L = \{9\}$ h) $L = \{4, 5, ...\}$
i) $L = \{\ \}$

9

$L = \{0, 1, 2, 3, 4, 5, 6\}$

10

$$
\begin{array}{ccccc}
15 & + & 8 & = & 23 \\
+ & & + & & + \\
6 & + & 29 & = & 35 \\
= & & = & & = \\
21 & + & 37 & = & 58
\end{array}
$$

11

a) $x + 5 = 12$ $L = \{7\}$
b) $a \cdot 11 = 132$ $L = \{12\}$
c) $v - 3 = 98$ $L = \{101\}$
d) $3 + x < 13$ $L = \{0, 1, 2, 3, 4, 5, 6, 7, 8, 9\}$
e) $k : 14 = 3$ $L = \{42\}$

12

a) $L = \{62\}$ b) $L = \{1, 3, 4, 24\}$
c) $L = \{3\}$ d) $L = \{\ \}$ e) $L = \{1, 2, 3\}$

13

a) $x : 8 < 4$ b) $1 < x$
c) $(1 + x) : 2 < 5$ d) $x : 3 - 3 < 5$

14

a) $L = \{0, 1, 2, 3, 4, 5, 6, 7, 8, 9\}$
b) $L = \{2, 4, 6, 8\}$
c) $L = \{0, 1, 2, 3, 4, 5, 6, 7, 8, 9\}$
d) $L = \{4, 5\}$
e) $L = \{\ \}$
f) $L = \{4, 8\}$

3 Gleichungen und Ungleichungen

Seite 116

1

a) 23 kg   b) 23 kg   Die Waage ist im Gleichgewicht.
c) $9 + x = 23$ $L = \{14\}$ Der Pudel wiegt 14 kg.

Gleichungen und Ungleichungen

3
a) rechte Seite: 7 kg b) linke Seite: 1 kg
c) rechte Seite: 13 kg d) linke Seite: 4 kg

4
a) 10 g oder 20 g oder 50 g oder 100 g oder
10 g, 20 g oder 10 g, 50 g oder 10 g, 100 g oder
20 g, 50 g oder 20 g, 100 g oder 10 g, 20 g, 100 g oder
10 g, 20 g, 50 g

b) 10 g oder 20 g oder 50 g oder
10 g, 20 g oder 10 g, 50 g oder 20 g, 50 g

Seite 117

5
a) $L = \{25\}$ b) $L = \{6\}$ c) $L = \{16\}$
d) $L = \{5\}$ e) $L = \{20\}$ f) $L = \{6\}$
g) $L = \{\ \}$ h) $L = \{12\}$ i) $L = \{12\}$

6
a) $L = \{0, 1, 2, ..., 13\}$ b) $L = \{19, 20, 21, ...\}$
c) $L = \{19, 20, 21, ...\}$ d) $L = \{1, 2, 3, ...\}$
e) $L = \{0, 1, 2, 3, 4, 5\}$ f) $L = \{0, 1, 2, 3, 4, 5\}$
g) $L = \{1201, 1202, ...\}$ h) $L = \{4, 5, 6, ...\}$
i) $L = \{38, 39, 40, ...\}$

7
a) $L = \{5\}$ b) $L = \{1, 2, 3, 4, 5\}$
c) $L = \{66\}$ d) $L = \{1, 2, 3, 4\}$
e) $L = \{1, 2, ..., 13\}$ f) $L = \{127\}$
g) $L = \{48\}$ h) $L = \{198\}$
i) $L = \{\ \}$

8
a) $L = \{14\}$ b) $L = \{0, 1, 2, 3, 7\}$ c) $L = \{12\}$
d) $L = \{2\}$ e) $L = \{\ \}$ f) $L = \{\ \}$

9
a) $2 \cdot x = 16$ $L = \{8\}$
b) $x - 8 = 17$ $L = \{25\}$

10
a) $x + 6 = 19$ $L = \{13\}$
b) $x - 3 = 17$ $L = \{20\}$
c) $a \cdot 5 = 35$ $L = \{7\}$
d) $27 : y = 9$ $L = \{3\}$
e) $2 \cdot x + 12 = 48$ $L = \{18\}$

11
a) $L = \{0, 4, 8, 12, 16, 20, 24, 28, ...\}$
b) $L = \{0, 6, 12, 18, 24, 30, 36, 42, ...\}$
c) $L = \{0, 3, 6, 9, 12, 15, 18, 21, ...\}$

12
a) $L = \{3, 5\}$ b) $L = \{4, 8\}$
c) $L = \{5, 7, 11\}$ d) $L = \{3\}$
e) $L = \{2, 4\}$ f) $L = \{\ \}$

13
a) $L = \{8, 9, 10, 11, 12\}$
b) $L = \{10, 11, 12, 13, 14, 15, 16, 17\}$
c) $L = \{10\}$
d) $L = \{\ \}$
e) $L = \{12, 13, 14, ...\}$
f) $L = \{2, 3, 4, 5, 6, 7, 8, 9, 10, 11\}$

14
a) 12 und 18
b) 20

15
a) 13, 14, 15, 16, 17
b) 2, 4, 6, 8
c) 1, 3, 5, 7, 9, 11, 13

4 Vermischte Aufgaben

Seite 118

1

a) Aussagen:
   Das Blatt ist grün.
   Peter ist doof.
   $7 = 5 + 2$
   1990 wurde Deutschland Fußballweltmeister.
   $8 + 2 - 1 = 6$
   $4 < 5$
   $10 > 9$
   Aussageformen:
   $15 - x = 10$
   Rom liegt in □.
   Sonstige:
   $3 + x$
   Tor!
   Hast du Geburtstag?
   Lauf schnell!

   c) $3 + x$

2

a) Niedersachsen   b) 12   c) langsamer

3

a) $L = \{\text{langsamer}\}$ b) $L = \{\text{größer, älter}\}$
c) $L = \{\text{schneller}\}$

4

	$9 + x$	$a - 1$	$8 \cdot v$	$24 : k$	$2 \cdot d + 30$
1	10	0	8	24	32
2	11	1	16	12	34
3	12	2	24	8	36
4	13	3	32	6	38
6	15	5	48	4	42
12	21	11	96	2	54

5

a) $2\,\text{kg} + 1\,\text{kg}$ b) $10\,\text{kg} + 5\,\text{kg} + 2\,\text{kg}$

6

links: 7 kg,   rechts: 8 kg

7

a) $L = \{0, 1, 2, 3, \}$ b) $L = \{2, 3, 6, 9, 18\}$
c) $L = \{4\}$ d) $L = \{0, 1, 2, 3, 4\}$

8

a) Boris   b) Torben und Tina
c) Boris > Eva > Erwin > Torben > Tina

9

Die Zahlen können 25, 26, 27, 28 sein.

Seite 119

10

$x = 638$

11

a)

Preis	30 Pf	35 Pf	45 Pf	54 Pf
1 Apfel	30 Pf	35 Pf	45 Pf	54 Pf
7 Äpfel	210 Pf	245 Pf	315 Pf	378 Pf
9 Äpfel	270 Pf	315 Pf	405 Pf	486 Pf

c) 16 Äpfel zu 30 Pf, 14 Äpfel zu 35 Pf,
   11 Äpfel zu 45 Pf, 9 Äpfel zu 54 Pf.

12

$28 - 10 = 18$
$---$
$16 - 7 = 9$
$===$
$12 - 3 = 9$

13

$L = \{10, 11, 12, 13, 14, 15\}$

Vermischte Aufgaben

14
a) $L = \{13, 14, 15, ...\}$ b) $L = \{7, 8, 9\}$
c) $L = \{22, 23, ..., 99\}$ d) $L = \{12, 13, 14\}$
e) $L = \{0, 1, ..., 10\}$ f) $L = \{1\}$
g) $L = \{699, 698, ..., 11\}$ h) $L = \{\ \}$
i) $L = \{\ \}$ k) $L = \{\ \}$

15 ✎
a) $L = \{6\}$ b) $L = \{20\}$ c) $L = \{12\}$
d) $L = \{28\}$ e) $L = \{3\}$ f) $L = \{3\}$
g) $L = \{15\}$ h) $L = \{13\}$

16
a) $L = \{13, 14, ..., 20\}$ b) $L = \{1, 2, ..., 16\}$
c) $L = \{7, 8, ..., 20\}$ d) $L = \{4, 5, ..., 20\}$
e) $L = \{17, 18, 19, 20\}$ f) $L = \{10, 11, 12, 13, 14\}$
g) $L = \{10, 11, ..., 20\}$ h) $L = \{1, 2, ..., 15\}$

17
Die Aussage ist richtig.

18
a) $L = \{40\}$ b) $L = \{7\}$
c) $L = \{2976\}$ d) $L = \{56, 57, ..., 115\}$
e) $L = \{14\}$ f) $L = \{2\}$
g) $L = \{56, 57, 58, ...\}$ h) $L = \{19652\}$

19
a) $312 - k = 288$ $L = \{24\}$
b) $45 + a = 93$ $L = \{48\}$
c) $3 \cdot x = 96$ $L = \{32\}$
d) $y : 8 = 9$ $L = \{72\}$

20 ✳
$48 : 8 = x$ oder $8 \cdot x = 48$ $L = \{6\}$.
6 Negerküsse sind in einem Karton.

21 ✳
a) $5 \cdot 6 = 30$ $240 : 30 = x$ $L = \{8\}$
Es stehen 8 Kisten aufeinander.

b) $240 : (5 \cdot 6) = x$ oder $5 \cdot 6 \cdot x = 240$

VI Ebene und räumliche Figuren

Die Verbindungen zwischen Bildender Kunst und Mathematik sind vielfältig. Genannt seien Dürers Studien zur Perspektive, die an einfachen geometrischen Grundformen orientierten Arbeiten von Mondrian, Klee, Kandinsky, die Stilrichtung des Suprematismus (Malewitsch: Weißes Quadrat auf weißem Grund), Minimal Art, die Grafiken von Escher, computergestützte Grafik.

1 Rechteck und Quadrat

Seite 122

1

Der Plattenleger hat beim Rechtecksparkett keine Schwierigkeiten in den Ecken, höchstens mit der Größe der Platten. Er muß wählen oder abschneiden. Die Arbeit wird durch die Übereinstimmung in einer der Abmessungen erleichtert. (Parkette aus Rechtecken gleicher Größe sind natürlich einfacher, wenn die Platten verschiebungsgleich liegen. Der Nachteil solcher Parkette ist dann eben, daß die Platten sich unter Beanspruchung verschieben können. Rechtecke mit Seitenverhältnissen wie 2:1 oder 3:1 lassen Fischgrätmuster zu.)
Das zweite Parkett verlangt Suchen, Behauen, Ausgleichen durch Mörtel.

2

Die Zwischenplatte auf der rechten Seite wurde falsch eingebaut. Die Platte wurde nicht parallel zur unteren angebracht, so daß sie nun schräg verläuft.

Seite 123

4

2 Rechtecke, 1 Quadrat

8

a) D(12|9) b) D(2|8)

9

Nur a)
Rand: Die Quadrate liegen Ecke an Ecke.

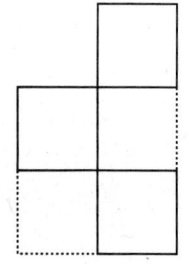

11

a) 9 Rechtecke, von denen keines ein Quadrat ist.
b) 18 Rechtecke, von denen 10 Quadrate sind.

12

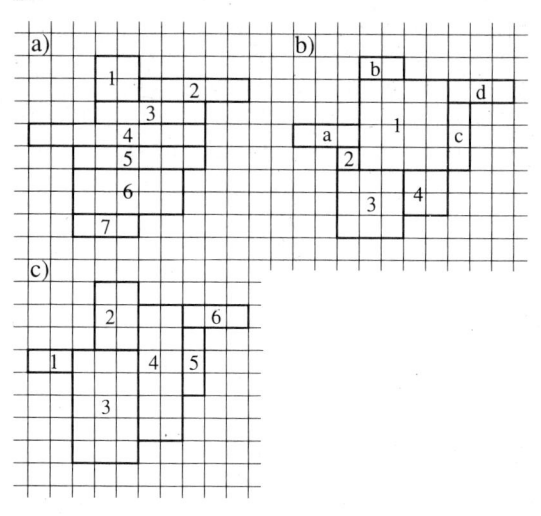

In allen Fällen gibt es weitere Möglichkeiten. Berücksichtigt man die Ecken der Figur, erkennt man, daß mindestens 6 Rechtecke nötig sind.

2 Parallelogramm und Raute

Seite 124

2

Bayerisches Rautenwappen

Seite 125

4

a) und c) sind Parallelogramme.

Parallelogramm und Raute   **125**

5

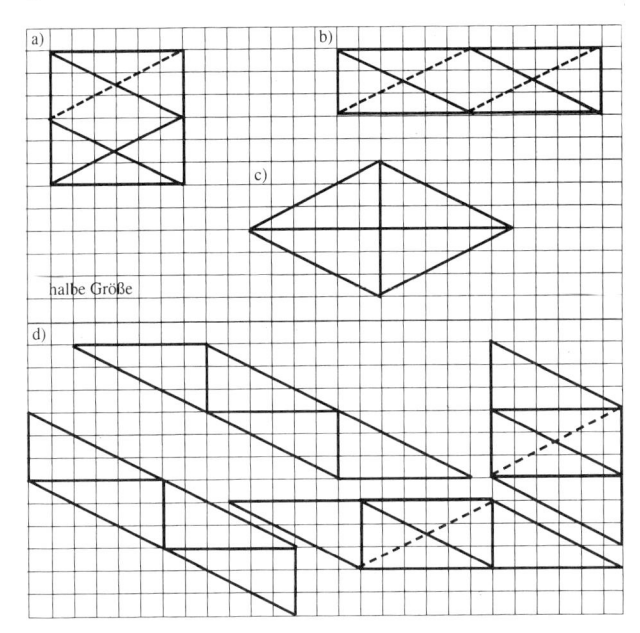

Bei a), b) und c) gibt es jeweils ein Viereck; dieses läßt sich bei a) und b) auf mehrere Arten, bei c) auf nur eine Art auslegen. Bei d) lassen sich zwei der vier gezeigten Parallelogramme nur auf je eine Art auslegen. Die Raute c) fällt auch unter d).
Wenn man keine Dreiecke umklappt, so entfällt die Raute c), und in a), b) und d) verbleibt nur je eine Art des Auslegens.

6

a) 9 Rauten
b) 10 Parallelogramme, die keine Rauten sind.

8

Korrektur im Schülerbuch:
c) Punkt B muß heißen (18/7).

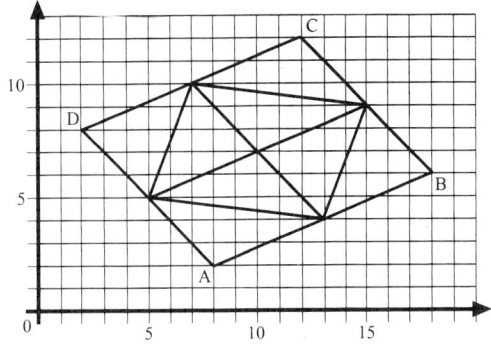

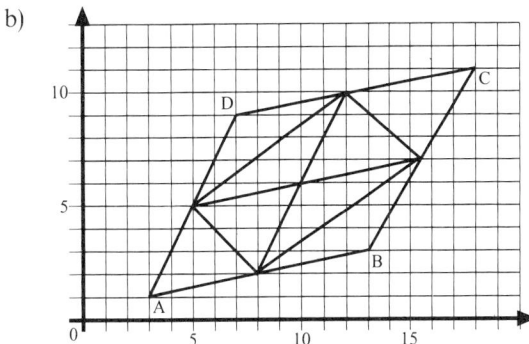

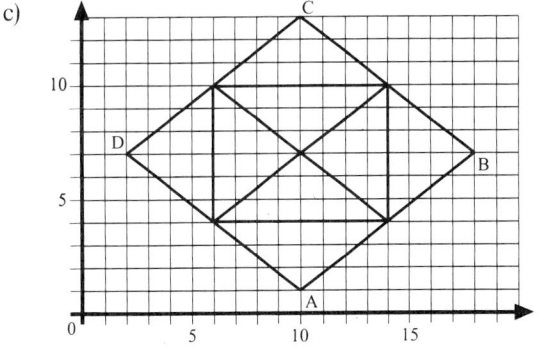

a)

b)

c)

d) Bei a) und b) entstehen Parallelogramme, bei c) entsteht ein Rechteck.

3 Würfel

Seite 126

2

Wenn Peter die Wahrheit gesagt hat, muß der linke vordere Würfel auf den seitlichen Flächen die Zahlen 5 und 2 tragen. Für die vordere und die hintere Fläche bleiben die Zahlen 3 und 4, und das überträgt sich auf den hinteren linken Würfel. Die zugeklebte Fläche des hinteren rechten Würfels muß die 3 oder 4 tragen, denn 2 und 5, 1 und 6 sind verbraucht. Dann müssen aber die seitlichen Flächen des Würfels hinten links ebenfalls die 3 und die 4 tragen. Diese Zahlen sind aber schon vergeben.

4

Drei Lagen rechts außen, eine Lage links außen.

Seite 127

5

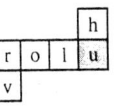

	h		
r	o	l	u
	v		

6

a), b), d)

7

a) 7   b) 11   c) $9 \cdot 4 + 1 = 14$
d) $7 + 4 + 3 + 1 = 15$ e) $9 + 5 + 4 + 1 = 19$
f) $10 + 5 + 1 = 16$

Die Summen geben die Abzählung in horizontalen Schichten wieder. Besonders bei f) empfiehlt es sich, die **Grundschicht** zeichnen zu lassen. Dann wird auch deutlich, daß nicht 13, sondern nur 10 Würfel benötigt werden.

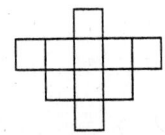

8

$4 \cdot 4 \cdot 4 - 2 \cdot 2 \cdot 4 = 48$

9

Kirsten hat jede Kante doppelt gezählt.

10

Es gibt mehrere Lösungen.

11

Die Achse geht durch gegenüberliegende Flächenmitten bzw. Kantenmitten bzw. Eckpunkte. Im ersten und zweiten Fall verschwimmt der rotierende Körper in einen Zylinder, im dritten zu einem Hyperboloid. (Jedenfalls nicht zu einem Zylinder.)

4 Quader

Seite 128

1

Die Steine lassen sich leichter zusammenfügen.

Seite 129

4

a) Das fehlende Rechteck (Länge 3 K, Breite 2 K) kann an 4 Seiten angesetzt werden.
b) Das fehlende Rechteck (Länge 6 K, Breite 3 K) kann oben oder an den drei unten liegenden Seiten angesetzt werden.

5

b), d)

6

a) Drei Möglichkeiten
b) Sechs Möglichkeiten; diese kann man auch rechnerisch erfassen durch Vervielfachung der Abmessungen

Quader

des Grundquaders. Der zusammengesetzte Quader kann folgende Abmessungen haben (in K):
4 · 5, 7, 11; 5, 4 · 7, 11; 5, 7, 4 · 11; 2 · 5, 2 · 7, 11;
2 · 5, 7, 2 · 11; 5, 2 · 7, 2 · 11

c) Es gibt neun Möglichkeiten. Sie entstehen rechnerisch durch Vervielfachung der Abmessungen 5 K, 7 K, 11 K mit den Faktoren:
6, 1, 1; 1, 6, 1; 1, 1, 6; 3, 2, 1; 3, 1, 2; 2, 3, 1;
2, 1, 3; 1, 3, 2; 1, 2, 3
Die Anzahl der Möglichkeiten würde sich übrigens reduzieren, wenn die Anzahl der Grundquader zu den Abmessungen nicht teilerfremd wäre; man erhielte dann für gewisse Quader unterschiedliche Zusammensetzungen.

7

Die Rechtecke müssen paarweise dieselben Maße haben. (Vier und zwei Rechtecke mit je gleichen Maßen wären möglich.)

Seite 130

Kopfgeometrie

Mit Kopfgeometrie bezeichnet man den sich in der Vorstellung abspielenden Umgang mit räumlichen Objekten. Zur Stützung der Vorstellung (und zur Aufgabenstellung) dienen ebene Figuren. Eine wesentliche Rolle spielen gedachte Bewegungen, etwa beim Zusammenfalten eines Würfelnetzes. Hilfreich ist es meistens, sich einen Teil der Figur als ortsfest vorzustellen. Die Beschreibung der Vorgänge ist oft schwierig. Bei aller Sorgfalt bei der Benennung von Ortsbegriffen (links, rechts, oben, unten, vorne, hinten) und Bewegungsbegriffen (nach links, ..., Drehung im Uhrzeigersinn, gegen den Uhrzeigersinn) wird man sprachliche Ungenauigkeiten hinnehmen müssen. Wichtig ist eine klare Fragestellung, die eine einfache Antwort ermöglicht.
Die Kopfgeometrie vermeidet eine Schwierigkeit, die beim Umgang mit realen Körpern leicht auftritt. Wird nämlich ein solcher gezeigt, so spielen die unterschiedlichen Positionen zwischen Betrachtern und Gegenstand oft eine störende Rolle.
Das räumliche Vorstellungsvermögen ist übrigens weitgehend unabhängig von anderen mathematischen Fähigkeiten. Damit haben Schülerinnen und Schüler mit Schwächen im Standard-Stoff hier die Chance, sich durch gute Leistungen hervorzutun.

Kopfgeometrie kommt in Berufseignungstests regelmäßig vor.

9

a) 5   b) 3   c) 5

10

a und C; b und A; c und B.

11

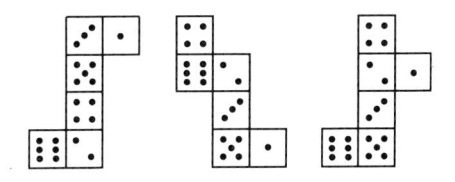

12 ✶

Zuerst sollten Grund- und Deckfläche festgelegt, dann deren Eckpunkte mit 1 bis 4 bzw. 5 bis 8 markiert werden. Da dies auf zahlreiche Arten möglich ist, können die folgenden Abbildungen nur Beispiele für die Lösung sein.

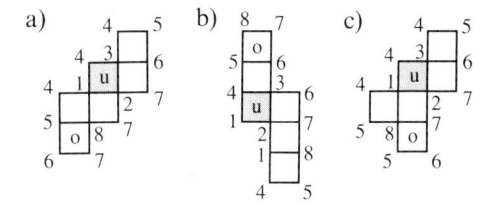

13

3 liegt oben, 4 unten, 1 rechts, 6 links, 2 vorne, 5 hinten. Ein solches Würfelpaket ist übrigens aus verschiebungsgleichen Kopien des Würfels hinten unten links zusammensetzbar. Sicher gibt es auch noch andere Möglichkeiten.

14 ✶

Man denkt sich den linken Würfel unbeweglich und ermittelt seine Beschriftung. Der Vergleich mit dem mittleren Würfel zeigt, daß „P" hinten liegt. Dreht man nun den rechten Würfel so, daß „P" hinten liegt und auf dem Kopf steht, so kommt „O" nach unten. Gegenüber von „H" liegt also „O".

15 ✳
a) 1   b) 3   c) 2

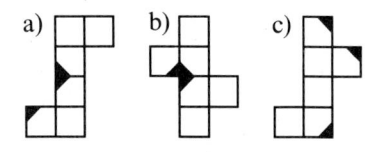

16 ✳
a), b), c) [figures]

17 ✳
Jeder Körper zeigt 7 Ecken, von denen einige (in gleicher Weise) ausgeschnitten sind. Eine Ecke ist verdeckt.
C hat höchstens 2 ausgeschnittene Ecken, D mindestens 3. Bei C sind keine zwei raumdiagonal gegenüberliegende Ecken ausgeschnitten im Gegensatz zu B.
Bei C sind keine zwei flächendiagonal gegenüberliegende Ecken ausgeschnitten im Gegensatz zu A.
Also ist C weder mit D noch mit B noch mit A formgleich.
B kann mit D dann formgleich sein, wenn die verdeckte Ecke von B ausgeschnitten und die verdeckte Ecke von D nicht ausgeschnitten ist, denn nur so kann die Anzahl der ausgeschnittenen Ecken bei beiden Würfeln gleich sein. In diesem Fall liegen aber bei B zwei ausgeschnittene Ecken an derselben Würfelkante, was bei B nicht zutrifft. Also sind B und D nicht formgleich.
Bei A sind zwei ausgeschnittene Ecken durch eine Flächendiagonale, bei B durch eine Raumdiagonale verbunden. Wären A und B formgleich, müßte also bei beiden die verdeckte Ecke ausgeschnitten sein. Das führt aber auch nicht zur Formgleichheit, denn bei A sind die ausgeschnittenen Ecken dann jeweils durch Flächendiagonalen verbunden, bei B liegen aber zwei an derselben Kante. Also sind A und B nicht formgleich.
Aufgrund der Feststellung im Aufgabentext, es gebe zwei formgleiche Körper, müssen dies A und D sein. Bei A ist die verdeckte Ecke also ausgeschnitten.
Übrigens läßt sich C auch dadurch ausschalten, daß man die Anzahl der Flächen ohne Ausschnitt betrachtet: Bei C sind dies mindestens zwei, bei A höchstens eine, bei B und D keine. Diese Überlegung allein führt aber nicht zum Ergebnis.
Die Schwierigkeit dürfte auch darin liegen, daß im Aufgabentext eine logische Aussage enthalten ist.

5 Zeichnen von Quadern und Würfeln

Seite 131

1
a) unten links, b) unten rechts, c) oben links, d) oben rechts, e) frontal von vorne

2
Rechts oben läuft die waagerechte Stange teils hinten, teils vorne. Vgl. die Bemerkungen zur folgenden Box „Zum Basteln und Zeichnen" auf Seite 80.

Seite 132

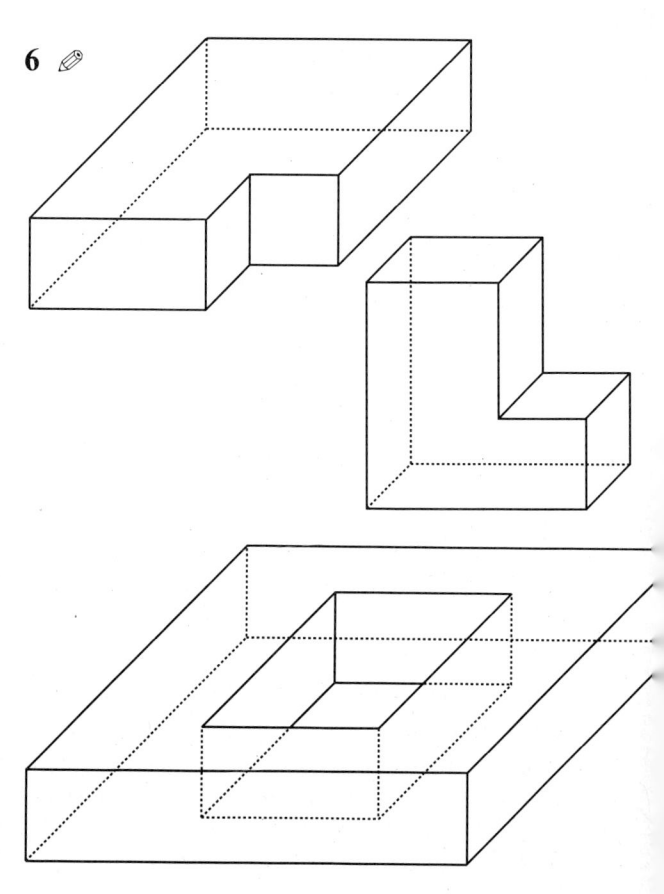

6 ✏

Zeichen von Würfeln und Quadern **_132_**

7

8
a)

b)

c)

9

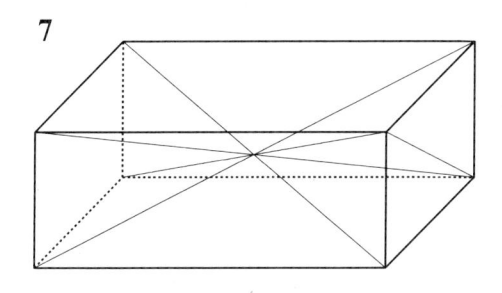

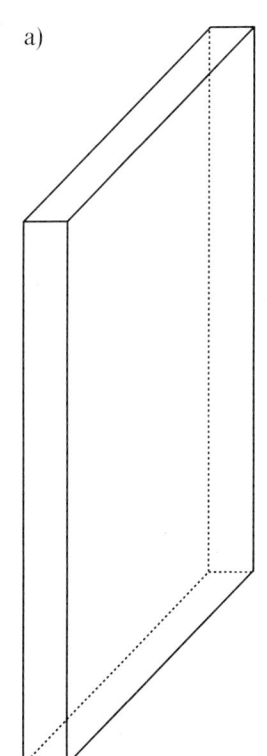

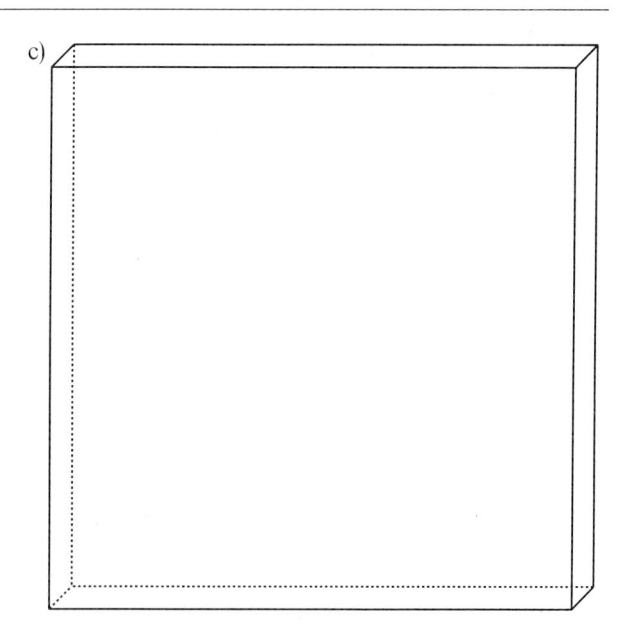

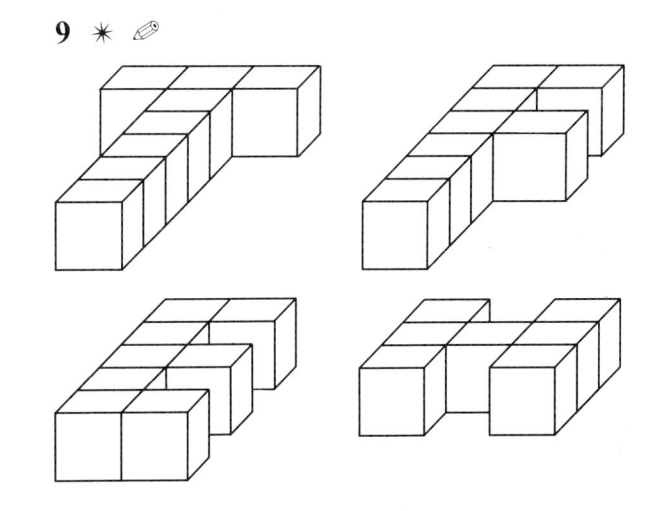

Aus wie vielen Würfeln die Buchstabenkörper bestehen, ist nicht zwingend festgelegt.

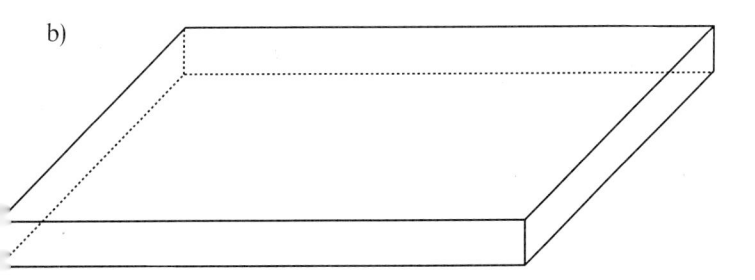

11

a)

b)

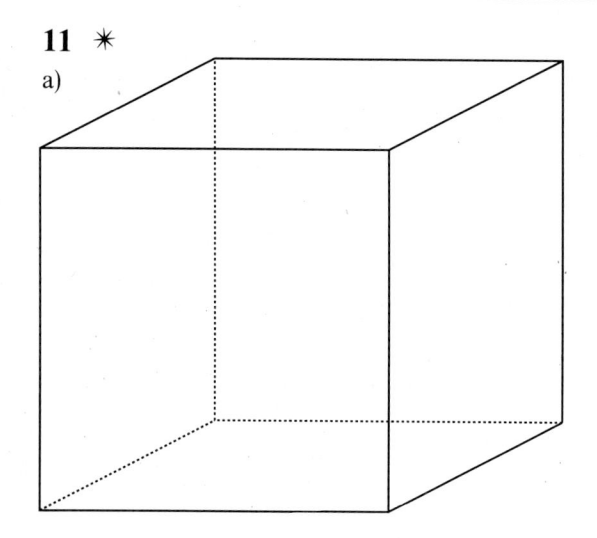

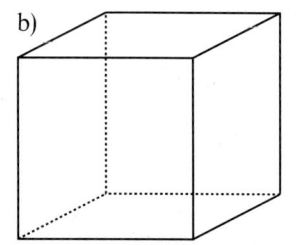

6 Vermischte Aufgaben

Seite 133

2

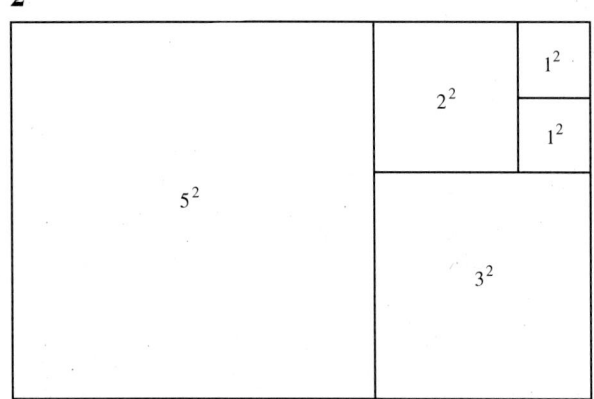

Kontrolle: $5^2 + 3^2 + 2^2 + 1^2 + 1^2 = 40$
Varianten sind nur in Bezug auf die Lage der Quadrate möglich.

3

Es gibt 6 Typen (Kongruenzklassen) von Rechtecken mit Seiten auf den Gittergeraden (einschließlich 3 Typen von Quadraten).
Es gibt 2 Typen von Rechtecken mit Seiten auf den Gitterdiagonalen (einschließlich 1 Typ Quadrat).
Außerdem gibt es noch 1 Typ Quadrat, dessen Seiten im Gitter unter 1:2 bzw. 2:1 steigen.

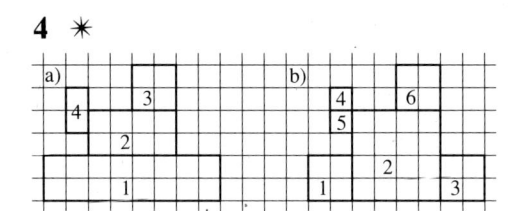

4

a) b)

6

Der Vollständigkeit halber werden alle Parallelogramme gezeigt. Unter ihnen ist eine echte Raute.

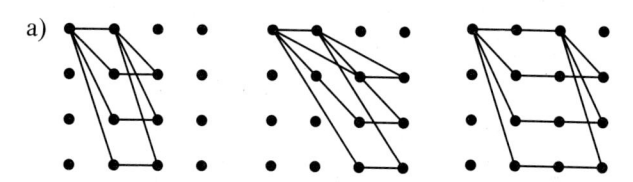

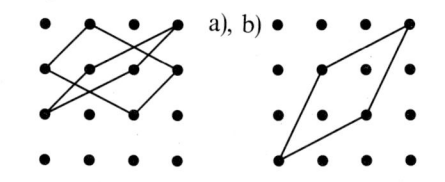

a)

a), b)

7

Im Hintergrund steht der Satz des Pythagoras!

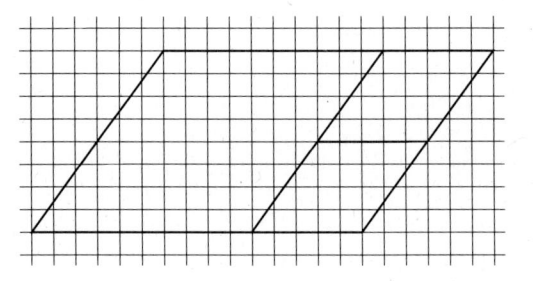

Vermischte Aufgaben

8
a), b)

Seite 134

9
Der Körper heißt Spat. Gewisse Kristalle haben diese Form (Feldspat!).

10 ✻

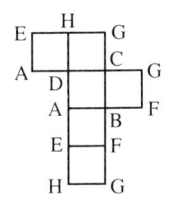

11 ✻

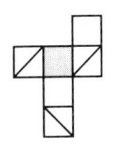

12
a) 27
b) 1, 6, 12, 8 Teilwürfel haben 0, 1, 2, 3 grüne Flächen.

13
Die ersten zwei Quader werden zu einem Quader mit den Seitenlängen 13 cm, 5 cm, 3 cm zusammengesetzt. Der dritte Quader paßt auf die größte Fläche; es entsteht ein Quader mit den Seitenlängen 13 cm, 5 cm, 7 cm.

14
a) 8
b) Die Grundfläche wird in vier Rechtecke mit den Maßen 35 cm, 30 cm; 25 cm, 30 cm; 35 cm, 20 cm; 25 cm, 20 cm zerlegt. Darauf stehen zwei Quaderschichten mit den Dicken 15 cm und 10 cm.

15 ✻

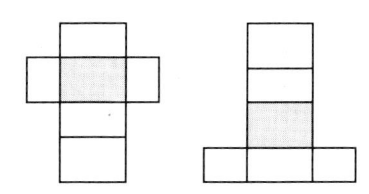

Seite 135

16
a) 4 Eckpunkte, 6 Kanten, 4 Flächen
(Der Körper ist ein reguläres Tetraeder.)

17

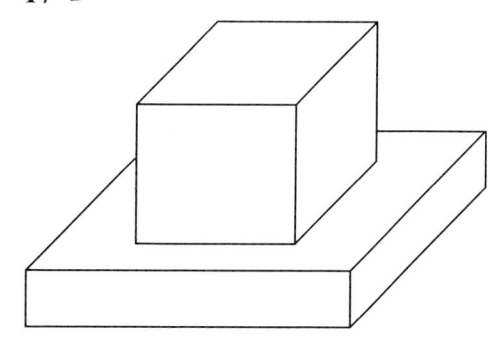

18 ✻
Die Farben sind gegeneinander austauschbar.

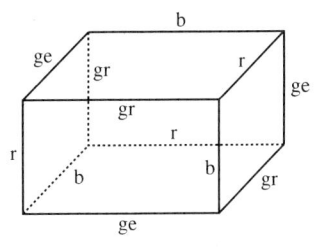

Puzzles

Die Markierung der Felder mit „oben" soll verhindern, daß versehentlich Teile umgedreht werden. Puzzle B könnte man auch durch Umdrehen von 4 Teilen aus Puzzle A bekommen.

Ähnlichkeits- und Kongruenzklassen fallen hier zusammen. Die zwei Rechteckstypen (16 × 8 und 32 × 4) lassen sich mit beiden Puzzles legen. Für die 7 Typen von echten Parallelogrammen siehe Abb. und die folgende Tabelle.

	1)	2)	3)	4)	5)	6)	7)
Puzzle A	ja	ja	ja	ja	ja	ja	nein
Puzzle B	ja	ja	nein	ja	ja	nein	ja

Es empfiehlt sich nicht, auch noch die Art der Einteilung zu berücksichtigen, da zu viele Möglichkeiten vorhanden sind.

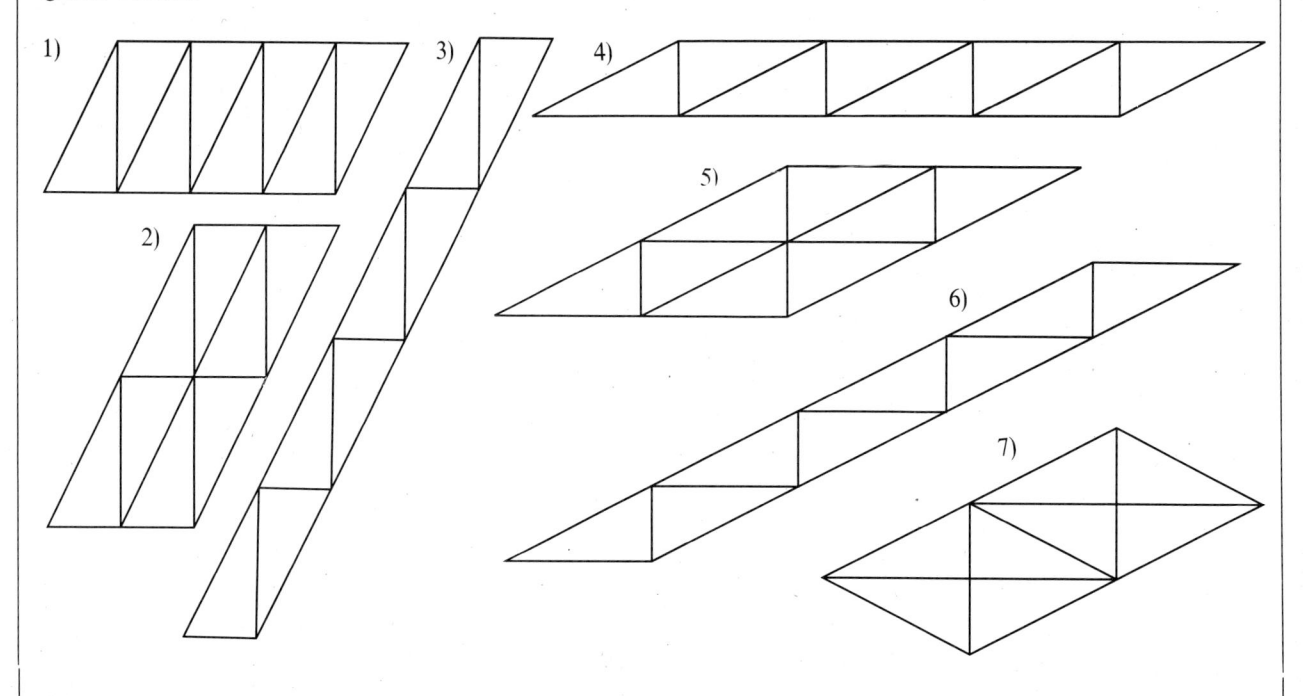

Beim dritten Puzzle kommt es darauf an, unterschiedliche Einteilungen zu identifizieren. Bis auf Symmetrien, erhält man die abgebildeten 6 Typen, bei denen das große Quadrat in der ursprünglichen Lage bleibt, und 16 Typen, bei denen es am Rand liegt.

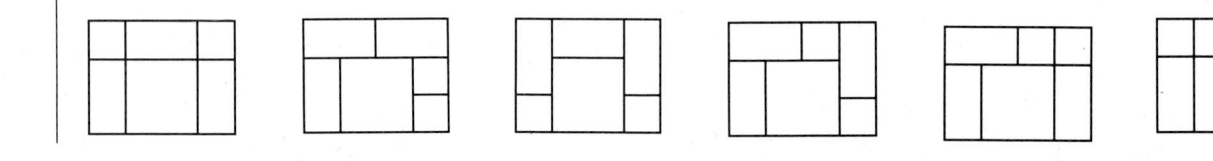

Vermischte Aufgaben **135**

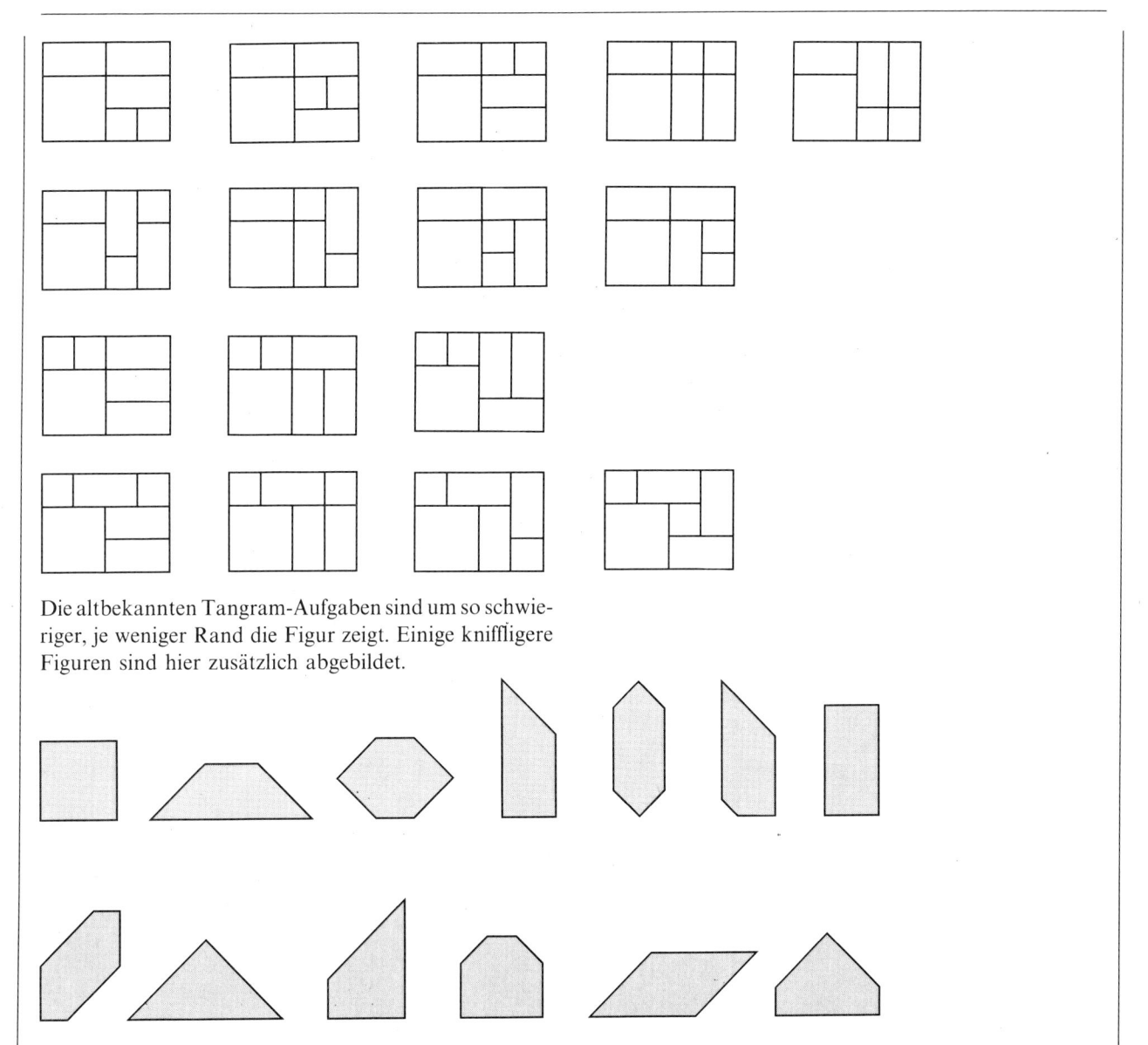

Die altbekannten Tangram-Aufgaben sind um so schwieriger, je weniger Rand die Figur zeigt. Einige kniffligere Figuren sind hier zusätzlich abgebildet.

Thema: Kleidungsstücke aus alter Zeit

Seite 136–137

Zu dieser Themenseite ist keine explizite Lösungsangabe möglich, wie bei den übrigen Themenseiten. Die Schülerinnen und Schüler können hier die im Kapitel kennengelernten Flächen an den Kleidungsstücken wiedererkennen und müssen sie aus Stoff ausschneiden. Dabei merken die Schülerinnen und Schüler, daß es nicht einfach ist, rechte Winkel, parallele Strecken usw. auf einem Material wie Stoff festzuhalten.

Die Kleidungsstücke werden von links nach rechts immer schwieriger, sie erfordern viel Geduld und Zeit, vielleicht die Mithilfe der Eltern.

VII Spiegeln und Verschieben

Die Einführung der Abbildungsgeometrie in die Schulmathematik wurde von übertriebenen Hoffnungen begleitet. Sie sollte die euklidische Methode ablösen, die in ihrer strengen Form dem Denken der Kinder nicht gerecht wird. Es zeigte sich schnell, daß eine weitergeführte Abbildungsgeometrie neue Schwierigkeiten mit sich bringt. So bleibt ihr die Rolle, ein Begriffsgerüst für elementare Erfahrungen mit Figuren und einen Beitrag zur Umwelterschließung zu liefern. Ihre zentralen Aspekte sind Symmetrie und Bewegung. Sie durchdringt jetzt auch die euklidische Geometrie in der Schule (Beispiel: Streckung und Strahlensätze).

In der Natur zeigt sich die Symmetrie als Idee — nicht in sklavischer Befolgung, sondern in eleganter Souveränität.

1 Achsensymmetrische Figuren

Seite 140

2

Das Ulmenblatt ist am Blattgrund nicht zufällig, sondern vom Bauplan her unsymmetrisch. Die übrigen Blätter (Roßkastanie, Hainbuche, Walnuß) sind nicht exakt symmetrisch, sondern zeigen die Symmetrie als Idee.

6

HEIDI EICHE und HEIKO BECK

Seite 141

7

Knabenbraut und Veilchen eine Symmetrieachse, Gelber Enzian sechs Symmetrieachsen und Erdbeere keine Symmetrieachse.

8

Beim Kölner Dom wurde die Symmetrie nicht genau eingehalten, dagegen beim Dom zu Speyer.

9

a) A B C D E K M T U V W Y
b) H I X
c) O (wenn man diesen Buchstaben als Kreis schreibt)

10

a) 1   b) 1
c) 2, da das Viereck eine Raute ist (Satz des Pythagoras!)
d) 4

11

a) 4   b) 1   c) 4   d) 2

12

a) In Frage kommen die 4 Symmetrieachsen des Quadrats. Die Muster haben 2, 2, 4, 1 Symmetrieachsen.

Seite 142

Die Botschaft auf dem Rand lautet „HITZEFREI".

13

Es gibt mehrere Möglichkeiten.

14

4, 2, 2, 4, 4, 2 Symmetrieachsen

15

Christa sucht stets Leuchtbilder mit den zwei Mittellinien als Symmetrieachsen, Heiner solche mit den zwei Diagonalen. Zusätzliche Symmetrieachsen sind erlaubt (vgl. c).
a) Christa kann 4 Siebener-Bilder finden, Heiner 8. Der Vollständigkeit halber sind diese hier abgebildet. Die unterschiedliche Anzahl ergibt sich daraus, daß im ersten Fall 5, im zweiten 9 Lämpchen auf den Symmetrieachsen liegen.
Die Grundidee für eine systematische Lösung ist die Erkenntnis, daß nur das zentrale Lämpchen einzeln eingeschaltet werden kann; die anderen Lämpchen auf den Achsen werden paarweise, die Lämpchen außerhalb der Achsen zu viert eingeschaltet.
b) In der Abbildung sind Beispiele für 2, 3, 4, 5, 6 Lämpchen dargestellt. Vertauscht man „hell" und „dunkel", ergeben sich daraus Beispiele für 11, 10, 9, 8, 7 Lämpchen.
c) Leuchtbilder mit 4 Symmetrieachsen gibt es nur mit 0, 1, 4, 5, 8, 9, 12, 13 Lämpchen. (Erklärung: Soll das Bild 4 Achsen haben, muß jedes Lämpchen außer dem zentralen zusammen mit drei weiteren eingeschaltet werden. Die Anzahl ist also ein Vielfaches von 4 oder, falls noch das zentrale Lämpchen eingeschaltet wird, ein um 1 vermehrtes Vielfaches von 4.) Man braucht nach dem in b) Gesagten nur die Zahlen bis 6 zu untersuchen.
Christas Leuchtbilder mit 4, 5, 8, 9 Lämpchen haben übrigens stets 4 Achsen. Für Heiners Leuchtbilder gilt das nicht.
° bezeichnet das angeschaltete Lämpchen.

Achsenspiegelungen im Quadratgitter   142–143

a) Die Abbildung zeigt sämtliche Lösungen.

Christa

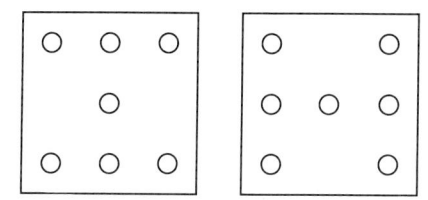

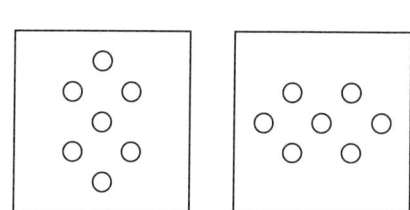

Heiner

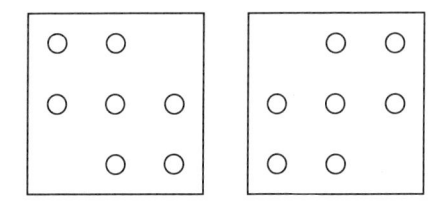

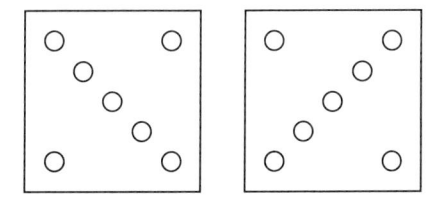

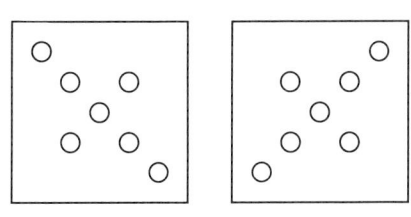

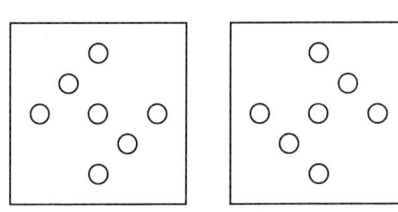

b)
Christa

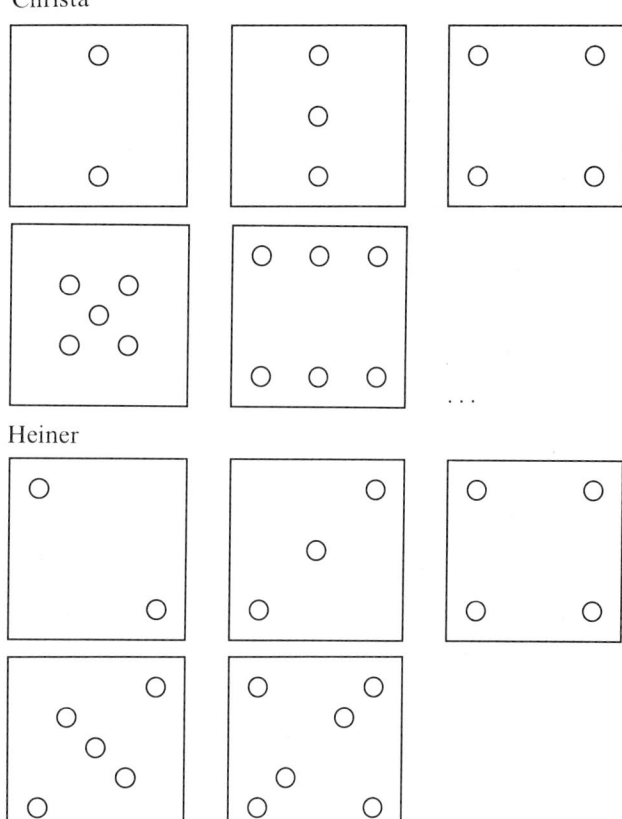

Heiner

2 Achsenspiegelungen im Quadratgitter

Seite 143

1

Am Rand ist angedeutet, daß man auch längs der Gitterdiagonalen falten kann.

2

Die fehlenden Eckpunkte haben die Koordinaten (12|3), (14|5), (15|7) und (14|9).

144—145 Achsenspiegelungen im Quadratgitter

Seite 144

3
a) Weg, Tür, Fenster, Wegweiser, Baumstamm
b) Wimpel, Kiste, Falten im Segel, Buchstaben N, K, E

5
1 zu 3; 2 zu 3; 7 zu 9

6
Die Spiegelbilder sind (in Leuchtziffern)
a) 52   b) 58   c) 528   d) 205.

8

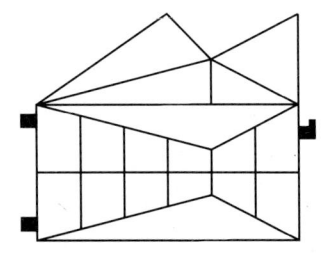

Seite 145

11
Die ergänzten Figuren sind ein Viereck (Rechteck), ein Fünfeck, ein Sechseck.

12
a)   b)

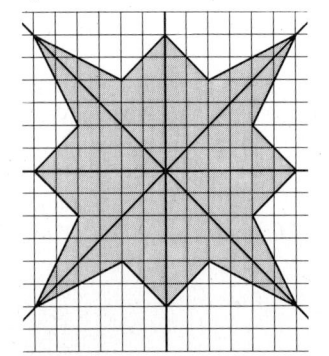

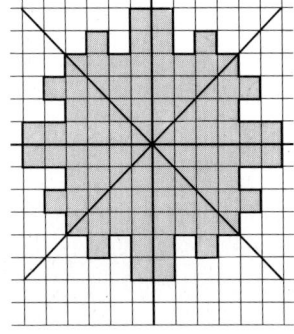

13
a) A'(5|6), B'(1|2), C'(1|10)
b) A'(1|10), B'(13|11), C'(5|15)
c) A'(6|4), B'(11|2), C'(12|10)

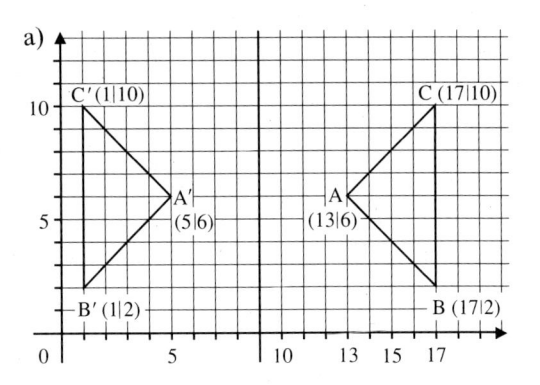

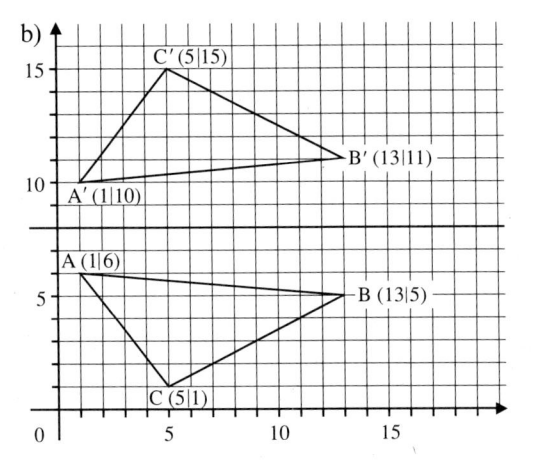

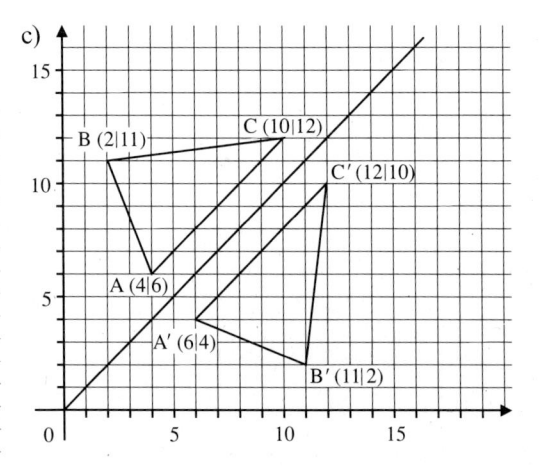

Verschiebungen im Quadratgitter

14
Die Spiegelachse geht durch
a) (0|7) und (20|7)
b) (0|0) und (20|20)
c) (0|2) und (9|11)

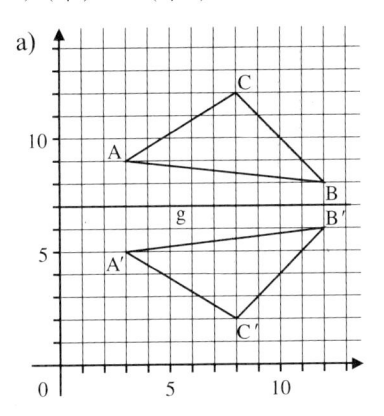

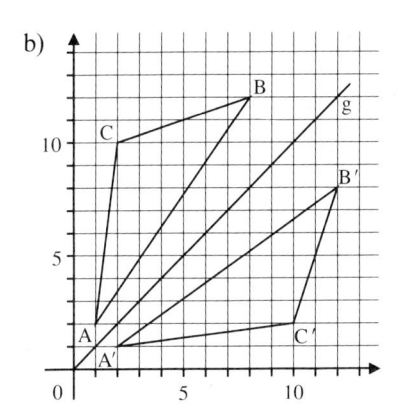

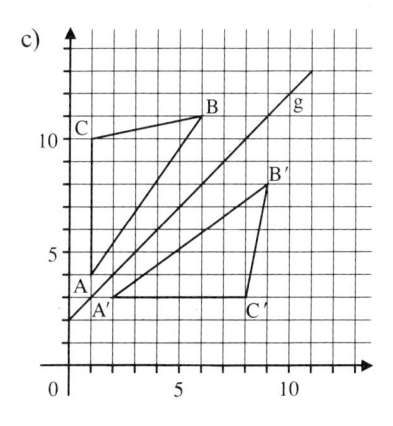

a)

b)

c)

15
Die Spiegelachse geht durch (5|0) und (5|10). Die Spiegelbilder sind A'(9|3), B'(8|4), C' = C, D'(6|1), E'(6|9).

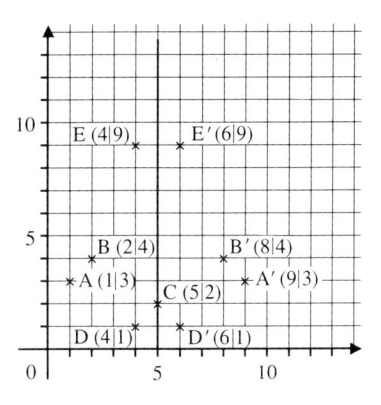

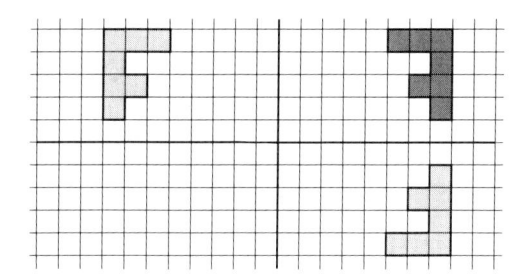

16
Es gibt zwei Lagen.

3 Verschiebungen im Quadratgitter

Seite 146

1
Trittspuren, welche in gleichen Abständen in den Boden gedrückt werden, stammen von demselben Fuß.

Seite 147

5

Die Verschiebung um
a) 7 K   b) 8 K   c) 6 K   d) 7 K
ergibt lückenlose und überlappungsfreie Muster.

6 ✴

1 mit 8, 3 mit 6, 4 mit 7

8

Die Verschiebung um 7 K nach rechts und 5 K nach unten ergibt B'(10|3), C'(19|12), D'(18|0).

9 ✴

Die Verschiebung um 3 K nach rechts und 4 K nach oben führt das eine Vieleck in das andere über. Die „Zwischenlagen" sind mit materiellen Pappstücken in der Ebene nicht sämtlich realisierbar. (Die Aufgabe zeigt den Unterschied zwischen einer abstrakten Verschiebung und einer konkreten Bewegung.)

4 Spiegeln und Verschieben mit dem Geodreieck

Seite 148

1

Das Geodreieck als symmetrische Figur

Seite 149

5

Die Länge des Verschiebungspfeils ist in Grenzen frei. Man verschiebt so, daß B' auf $\overline{GF}$ (oder ein wenig links davon) zu liegen kommt.

6 ✴

Länge und Richtung der Verschiebung sind in Grenzen frei. Am einfachsten ist diejenige Verschiebung, die C in den 1 K unterhalb von F liegenden Gitterpunkt überführt.

7

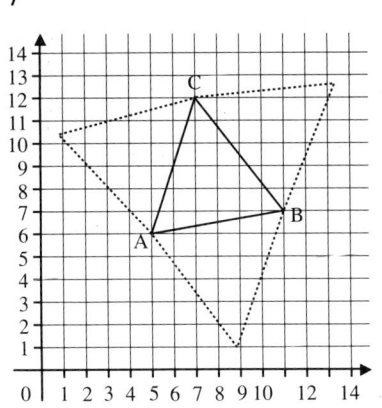

8 ✏

a)

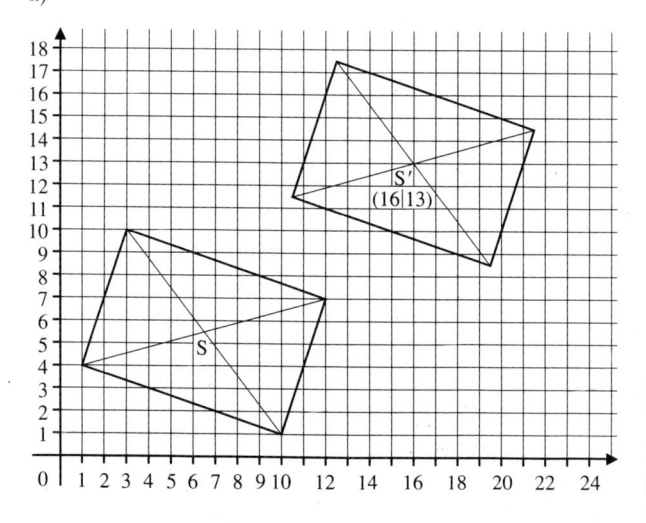

Vermischte Aufgaben   149–151

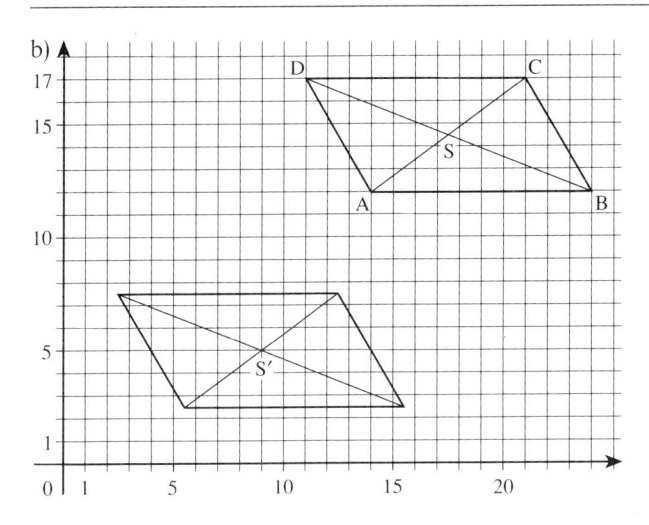

9

Das zweite Spiegelbild ist ein Verschiebungsbild des Originals; die Doppelspiegelung an parallelen Achsen ist bekanntlich eine Verschiebung.

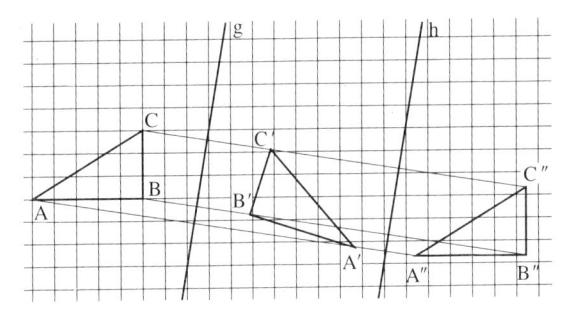

5 Vermischte Aufgaben

Seite 150

1

je 6 Symmetrieachsen

2

Mühle und Schach 4, Halma 6, Mensch-Ärgere-dich-nicht 4 Symmetrieachsen. Beachtet man auch die Farben, so hat das Halma-Feld nur 3 Symmetrieachsen, das Mensch-ärgere-dich-nicht-Feld keine. (Beim Halma-Feld wird wohl niemand die Achsen des quadratischen Kartons mit denen des Spielfelds verwechseln!)

3

8 Symmetrieachsen

4

Dänemark, Frankreich und Kanada je 1, Japan 2 Achsen

5

a) Die Autouhr geht richtig.
b) Beispiele: 9.15 Uhr und 14.45 Uhr; 9.45 Uhr und 14.15 Uhr; 7.00 Uhr und 17.00 Uhr usw. Allgemein genügt es, zwei spiegelbildliche Stellungen der Stundenzeiger vorzugeben; die Minutenzeiger stehen dann von selbst spiegelbildlich.

Zusatzfrage zu a): Wie ginge die Autouhr, wenn der Minutenzeiger etwas vor dem 11. Teilstrich stünde? Antwort: Sie ginge nach.

6

b) 1 oder 2 Symmetrieachsen; die Trikotfarben werden dabei nicht berücksichtigt.

Seite 151

7

In den Taschenspiegeln kann man einen vollständig gefärbten Kreis sehen.

10 ✶

a) A'(1|10), B'(2|12), C'(5|15), D'(7|7), E'(12|14)
b) Der neue Hochwert ist um so viel größer als 8 wie der alte kleiner ist als 8. Oder: Neuer und alter Hochwert haben die Summe 16. In der zweiten Form ist die Regel auch dann anwendbar, wenn der alte Hochwert größer ist als 8 wie beim Punkt D.

11 ✶

a) A'(6|13), B'(2|10), C'(7|18), D'(10|6)
b) Addiere zum Rechtswert 3, subtrahiere vom Hochwert 3, vertausche die Ergebnisse.

Thema: Bandornamente

Jeder Mensch hat ein Schönheitsempfinden. Daher ist bei den Schülern und Schülerinnen das Zeichnen von Bandornamenten so beliebt. Diese Themenseiten tragen dieser Beliebtheit Rechnung. Verschiebung, Spiegelung, Symmetrie und andere Begriffe der Unterrichtseinheit werden wiederholt.

Seite 152

1
Die Lehrkraft muß darauf achten, daß nicht irgendwelche Muster, sondern Bandornamente genannt werden.

2
Das Bandornament der Antike in der Form stilisierter Wellen legt den Namen Wellenband nahe. Aber auch die Abbildung des Hundes und dessen Schwanzform erklärt den Namen „Laufender Hund".

4
Bei der Abbildung handelt es sich um ein Kapitell und das Gebälk der korinthischen Ordnung aus hellinistischer Zeit. Kennzeichnend für das Kapitel ist der Akanthus, ein Distelgewächs mit Blättern, die sich schön stilisieren lassen.
a) Es sind 16 Bandornamente erkennbar. Der Akanthus ist kein Bandornament.

5
Die Vornehme Dame findet man in einer Wandmalerei in der Burg von Tiryns. In den Händen hält sie eine Opfergabe.

Seite 153

6
Man kann das Band mit den Initialen auch ausschneiden.

8
Mit der Schablone kann besonders gut noch einmal das Verschieben und Spiegeln demonstriert werden. Beim Kartoffeldruck kann zum Beispiel nicht gespiegelt werden.

9
Die 6 Muster sind Realisierungen einiger möglichen Typen von Bandornamenten. Ihre Symmetriegruppen werden erzeugt von einer Translation und
1) der Spiegelung an der Mittellinie
2) der Spiegelung an einer Senkrechten
3) einer Punktspiegelung
4) Spiegelung an der Mittellinie und einer Senkrechten
5) einer Schubspiegelung
6) einer Schubspiegelung und der Spiegelung an einer Senkrechten.

VIII Geld. Zeit. Gewicht

In Kombination mit Schülerbuch, Seite 162 (Anregung zum Selbstbasteln von Uhren) können Wasseruhren oder Standuhren selbst hergestellt werden. Beim Eichen der Uhren kann das Problem der Genauigkeit angesprochen werden. Auch Sinn und Unsinn dieser Genauigkeit kann mit den Schülern diskutiert werden. Fragen wie: „Ist es sinnvoll bei einem Zeitunterschied von $^3/_{100}$ Sekunden in 15 km Skilanglauf einen ersten und zweiten Sieger festzulegen?" können die Schüler zum Nachdenken anregen.

1 Größen

In dieser Lerneinheit werden wichtige Grundlagen für den weiteren Unterricht gelegt. Die klare Unterscheidung zwischen Maßzahl und Maßeinheit bei Größen erzieht zum exakten Umgang mit diesen Begriffen. Hier können vorbereitende Überlegungen für das Arbeiten mit Variablen und Rechnen mit Variablen in Klasse 7 gelegt werden.

Seite 156

3

11,40 DM

Seite 157

5

Beispiele: Tonne, Kilometer, Jahre, DM, Meter, Gramm, Meter, Zentimeter, Pfennig

7

a) 6 m lang, 150 cm hoch
b) 60 kg schwerer Junge, 5 kg schwere Kugel, 9 m weit
c) 150 m um die Wette, 3 Sekunden langsamer
d) 1 Stunde 28 Minuten lange, kostet 24 DM

8

Beispiele: weit, lang, leicht, billig, dick, schnell

9

... 25 km ... 3 h ... 730 m

10

d) Maßzahlen: 3 Millionen; 4,5 Milliarden; 24 Millionen

11

kg, m, km, s, min

Seite 158

12

a) 3 T; 4 T; 9 T; 55 T
b) 10 T; 110 T; 476 T; 606 T
c) 5 T; 45 T; 780 T
d) 30 T; 900 T; 1740 T

13

Beispiel: Stuttgart 561 000 Einwohner

14

nein

15

576 Flaschen   (12 · 6 · 8 = 576)

16

ja

17

865 Pfennige   (1000 − 135 = 865)

18

a) 4200   b) 40

19

a) 3000   b) 20   c) nein (14 Packungen nötig)

20

a) 3000   b) 25   c) 3

21

a) März, Februar, Juni, Mai, April, Januar
b) 4 Kartons 1 Schachtel 0 Stifte

22

10000

2 Geld

Seite 159

1
ja; 328,27 DM

5
a) 7 DM 76 Pf; 9 DM 84 Pf; 15 DM 70 Pf; 38 DM 7 Pf
b) 9 DM 36 Pf; 8 DM 4 Pf; 12 DM 12 Pf; 70 DM 7 Pf
c) 9 DM 99 Pf; 9 DM 9 Pf; 9 DM 90 Pf; 9 DM 90 Pf
d) 18 DM 18 Pf; 80 DM 80 Pf; 80 DM 8 Pf

6
a) 500 Pf; 800 Pf; 15000 Pf; 524 500 Pf
b) 218 Pf; 1538 Pf; 7012 Pf; 425 Pf; 4040 Pf
c) 1203 Pf; 2108 Pf; 2002 Pf; 5005 Pf; 3303 Pf
d) 348 Pf; 1026 Pf; 54 Pf; 1 Pf

Seite 160

7
a) 8,70 DM; 14,35 DM; 7,09 DM; 234,56 DM
b) 5,36 DM; 12,75 DM; 150,77 DM
c) 9,08 DM; 6,08 DM; 20,02 DM; 101,01 DM

8
a) 42 DM 89 Pf   b) 137 DM 8 Pf
c) 26 DM 64 Pf   d) 11 DM 9 Pf
e) 93 DM 65 Pf   f) 88 DM

9
a) 26,86 DM   b) 260,80 DM   c) 119,07 DM
d) 64,74 DM   e) 121,62 DM   f) 123,23 DM

10
a) 45 DM   b) 9 DM
   396 DM   51 DM
   204 DM   164,85 DM

c) 11 DM   d) 0,50 DM
   19 DM   0,22 DM
   8 DM   2,06 DM

11
a) 36 DM; 23 DM; 9 DM; 12 DM
b) 32,76 DM; 21,75 DM; 12,25 DM
c) 26,92 DM; 18,98 DM; 3,94 DM
d) 37 DM 87 Pf; 5 DM 56 Pf; 11 DM 98 Pf

12
a) 22 DM; 68 DM; 44 DM; 16 DM
b) 46,50 DM; 22,23 DM; 81,15 DM
c) 87,95 DM; 19,92 DM; 42,93 DM
d) 90 DM 1 Pf; 9 DM 1 Pf; 9 DM 91 Pf

13
a) 7,22 DM   b) 31,44 DM
c) 7 DM 7 Pf   d) 10 DM 41 Pf
e) 13 DM 50 Pf

14
„geschicktes Herausgeben" a) 50 Pf   b) 10 DM 30 Pf

15
5 Pf

16
a) 18,20 DM   b) 1 DM 80 Pf

17
a) 14 DM 65 Pf   b) 1 DM 30 Pf zurück

18
a) 2mal 200 DM, 20 DM, 10 DM, 5 DM, 1 DM;
   10 DM, 2 DM, 50 Pf, 2 Pf;
   500 DM, 2mal 200 DM, 50 DM, 2mal 20 DM, 5 DM, 2 DM, 1 DM, 50 Pf
b) 2mal 1000 DM, 500 DM, 100 DM, 50 DM;
   1000 DM, 10 DM, 1 DM, 10 Pf, 5 Pf, 2mal 2Pf;
   500 DM, 100 DM, 2mal 2 Pf

c) 2 DM, 1 DM, 2mal 10 Pf, 5 Pf;
10 DM, 5 DM, 2 DM, 50 Pf, 10 Pf, 5 Pf, 2 Pf, 1 Pf;
100 DM, 10 DM, 2 DM, 3mal 10 Pf

Seite 161

19

a) (ohne 10 DM Münzen) 4; 7; 3; 9
b) 4; 6; 3; 4
c) 6; 7; 4
d) 3; 4; 5

20 ✎

1 Pf	1		6 Pf	1	1		11 Pf	
2 Pf	1		7 Pf	1	1			
3 Pf	1	1	8 Pf	1	1	1		
4 Pf	2		9 Pf	1	2			
5 Pf	1		10 Pf	1				

21 ✳

a) 1 ㉗ 2 ①; 2 ㉗ 1 ①; 1 ㊱ 1 ㉗ 2 ③ 1 ①
b) ja; Beträge sind im Dreiersystem darstellbar

22

a) 375804 Stück
b) 7516 Rollen und 4 10-Pf-Stücke

3 Stunden. Minuten. Sekunden

Seite 162

1

Die gesamte Zeit kann man nur errechnen, wenn man auch die Anfangszeit angibt.

3

45 min; 4 min; 60 min; ...

4

a) 120 min; 300 min; 1440 min; 2 min; 72 min; 234 min; 366 min
b) 540 s; 900 s; 3600 s; 465 s; 915 s; 61 s; 3900 s
c) 3 h; 12 h; 6 h

Seite 163

5

a) 1h 15 min; 1 min 55 s; 5 h 10 min; 15 min 30 s; 3 min 20 s
b) 80 min (4800 s); 3 h; 150 min; 10 h

6

a) 3 min; 22 s; 59 min; 50 s; 1 min
b) 1 s; 47 min 52 s; 36 min 37 s

7

a) 90 min; 45 min; 30 s; 15 s
b) 90 s; 105 s; 150 min; 675 s

8

a) 30 min   b) 15 s   c) 45 min   d) 210 s

9

8.15 Uhr; 11.45 Uhr; dreiviertel drei

10

a) 13.35 Uhr   b) 21.34 Uhr   c) 17.35 Uhr
d) 18.30 Uhr   e) 8.45 Uhr   f) 2.07 Uhr

11

a) 15 min; 24 min; 6 min; 56 min
b) 30 min; 15 min; 50 min

12

30 min; 35 min; 42 min; 2 h 4 min; 1 h 14 min

13

55 min; 10.37 Uhr; 10.11 Uhr; 8 h 56 min; 1.33 Uhr; 4.09 Uhr

Tage. Monate. Jahre 164–166

14
a) 26 min (Zeit auf dem Bahnhof nicht berücksichtigt)
b) Grunbach-Fellbach (1 min länger)
c) 20 min   d) 9.37 Uhr   e) 4 min früher in Waiblingen

15
a) 2.00 Uhr
b) New York: 6.30 Uhr   Tokio: 20.30 Uhr
c) es ist 4.00 Uhr morgens (sie schläft)
d) 7.00 Uhr morgens

Seite 164

16
10. 7.   16 h 20 min
22. 5.   15 h 54 min
29. 8.   13 h 45 min
3. 4.   13 h 4 min
10. 10. 11 h 3 min
27. 2.   10 h 47 min
16. 1.   8 h 25 min

17
3 h 55 min

18
Fahrrad (43 min) 1 min schneller

19
a) 20.59 Uhr   b) 26 min

20
a) Spielbeginn: 14.00 1. Spiel   15.42 7. Spiel
                14.17 2. Spiel   15.59 8. Spiel
                14.34 3. Spiel   16.16 9. Spiel
                14.51 4. Spiel   16.33 10. Spiel
                15.08 5. Spiel   16.50 11. Spiel
                15.25 6. Spiel   17.07 12. Spiel
                                    Ende 17.22 Uhr
b) 24 min mehr; also möglich

21
H – B 0,6 s   H – E 0,3 s   H – S 0,7 s
B – E 0,3 s   B – S 0,1 s   E – S 0,4 s

4 Tage. Monate. Jahre

Seite 165

1
Den 29. Februar gibt es nur im Schaltjahr.

3
a) Wochen   b) Jahre   c) Min. und Sekunden
d) Tage   e) Wochen (Monate)   f) Jahre   g) Tage

4
a) 1984; 1988; 1992; 1996/2004; 2008; 2012; 2016
b) 1968; 1932 (evtl. Hinweis auf Olympiade)

5
a) Freitag
b) 8. Sept.; 15. Sept.; 22. Sept.; 29. Sept.; 6. Okt.;
   13. Okt.; 20. Okt.; 27. Okt.; 3. Nov.; 10. Nov.
c) (auf Schaltjahre achten)

6
a) 35 d; 119 d; 245 d
b) 2 d; 10 d; 17 d; 42 d; 365 d
c) 20 d 20 h; 32 d 9 h; 5 d 1 h; 17 d 5 h
d) 25 d 15 h; 1460 d (bei 4 aufeinanderfolgenden Jahren
   ist ein Schaltjahr dabei, also 1461 d)

Seite 166

8 ✳
a) Peter 13 Jahre; Petra 12 Jahre 1 Monat
   Paul 13 Jahre (ohne Berücksichtigung
   der Schaltjahre)
   Paula 12 Jahre 1 Monat (ohne Schaltjahre)
b) Paul ist der Älteste,
   Paula die Jüngste.

9

a) 23 d   b) 78 d   c) 176 d
d) 225 d e) 314 d f) 362 d

10

a) 23. Oktober   b) 6. Oktober

11

Tim 10 Jahre; Toni 11 Jahre; Jan 12 Jahre

12

Ihrer: 54 Jahre 5 Tage
Modersohn-Becker: 31 Jahre 9 Monate 12 Tage
Schuhmann: 76 Jahre 8 Monate 7 Tage
Scholl: 21 Jahre 9 Monate 13 Tage

14

a) Mitte 10. Klasse   b) 5 bis 6 Wörter   c) etwa 4 Jahre

15

Geburtstag am 29. Februar

16

a) 19 Jahre   b) 24 Jahre   c) November 1969

17

a) Freitag, 12 Uhr   b) 5. Februar, 16.01 Uhr

Seite 167

18

12.50 Uhr

Der Kalender

Das Jahr hat auf $\frac{1}{10}$ s gerundet 365 d 5 h 48 min 45,8 s. Der Tagesbruchteil beträgt $\frac{104629}{432000}$ d, dezimal 0,242196759 d. Im Lauf von 432000 Jahren müßten also 104629 Schalttage eingeschoben werden.

Eine praktikable Näherung für diesen unhandlichen Bruch ist $\frac{1}{4}$; hieraus resultiert die Regelung, die J. Caesar im Jahr 46 v. Chr. einführte: Jedes vierte Jahr ist ein Schaltjahr. (Selbstverständlich war damals die Dauer eines Tages nicht mit der oben genannten Genauigkeit bekannt, aber doch genau genug, um die Regel zu finden.)

Im 16. Jh. hatte sich die Ungenauigkeit bereits auf 10 Tage summiert. Die Kirche war wegen des Ostertermins, der alle kirchlichen Feste nach sich zog, an einer Korrektur interessiert. Papst Gregor setzte im Jahr 1582 das Ergebnis genauerer Rechnungen in die Tat um: Für den obigen Bruch war die schon sehr gute Näherung $\frac{97}{400}$ gefunden worden, dezimal 0,242197253.

Damit müssen gegenüber Caesars Vorschrift in 400 Jahren 3 Schaltjahre entfallen. So wurde festgelegt, daß von den Jahren mit durch 100 teilbaren Jahreszahlen nur dasjenige ein Schaltjahr sein soll, dessen Jahreszahl sogar durch 400 teilbar ist. Außerdem ließ Papst Gregor 10 Tage ausfallen.

Der Kalender läuft damit nur noch ganz wenig schneller als das Jahr; erst in etwa 3000 Jahren wird der Fehler einen ganzen Tag ausmachen.

Vom mathematischen Standpunkt her sind die Näherungen durch die Methode der Kettenbrüche zu finden. Der Kettenbruch 1. Ordnung ist $\frac{1}{4}$, der Kettenbruch 6. Ordnung ist $\frac{194}{801}$, der durch den bequemer in eine Regel umzusetzenden Bruch $\frac{194}{800} = \frac{97}{400}$ ersetzt werden kann.

Alle Regeln können die sehr langsame Änderung der Tagesdauer nicht berücksichtigen, die durch Verlust an Drehenergie der Erde eintritt. Die Abweichungen werden heute durch Schaltsekunden ausgeglichen.

Warum ist ausgerechnet der 29. Februar der Schalttag? Im alten römischen Kalender begann das Jahr mit dem Frühlingsanfang, also mit dem 1. März. Der Schalttag folgte also auf den letzten Tag des normalen Jahres. Dieser Jahresanfang erklärt auch die Monatsnamen September bis Dezember: septem heißt sieben, ..., decem heißt zehn.

5 Gewicht

Seite 168

1

Das Kästchen ist so schwer wie 3 Kugeln.
Es sind 2 Kästchen.

2

Die Angabe 300 g Mehl ist genauer, weil Eßlöffel verschieden groß sein können.

Seite 169

3

g; t; g; kg (Pfd); kg; g(mg); t; mg; g; kg

4

Meise 10 g   Blauwal 180 t
Elefant 4 t   Gorilla 0,700 t
Pferd 300 kg   Fliege 1 g
Katze 6 kg   Hund 30 kg

7

Zugelassenes Höchstgewicht 5,5 t

8

a) 6000 g; 15625 g; 7080 g; 2000000 g; 1 g 700 mg; 5005 g; 6040000 g; 400004 g
b) 2000 kg; 22000 kg; 222000 kg; 8436 kg; 80136 kg; 9090 kg; 980 kg
c) 4000 mg; 40000 mg; 17425 mg; 2000000 mg; 65050 mg; 6006 mg; 3000030 mg

9

5000 kg; 8000 g; 7000 mg; 17000 kg; 5800000 mg; 555000 mg; 4940000 g; 170070000 mg; 54036000 g

10

7 t =   7000000 g;   4 kg =   4000000 mg;
66 t =   66000000 g;   17 kg =   17000000 mg;
460 t = 460000000 g; 111 kg = 111000000 mg

11

a) 7 t 851 kg; 9 kg 466 g; 22 t 340 kg; 11 g 976 mg
b) 44 kg 44 g; 2 t 35 kg; 92 g 6 mg; 100 kg 1 g

12

a) 1500 g; 7500 g; 250 g; 70 kg; 2750 g
b) 250 kg; 1200 kg; 5250 kg; 5000 kg; 1000 kg = 1 t
c) 75 kg; 245 kg; 2950 g

13

a) 7,845 g; 54,638 g; 111,111 g; 9,045 g; 14,736 g
b) 4,732 kg; 3,038 kg; 8,400 kg; 1,800 kg; 5,078 kg; 15,005 kg
c) 12,800 t; 99,999 t; 4,707 t; 9,009 t; 100,100 t

14

a) 3862 kg; 4921 g; 99261 mg; 1320 kg
b) 10101 g; 14022 kg; 7007 mg; 99800 g
c) 17260 mg; 5350 g; 2700 kg; 1,040 mg

Seite 170

15

a) 7 kg 740 g; 7,745 kg; 7750 g
b) 1101 kg; 1,11 t; 1 t 111 kg
c) 5000 mg; 5,001 g; 5 g 10 mg

16

a) 1365 g; 3038 g; 2780 g; 1200 g
b) 15080 kg; 4505 kg; 3232 kg; 16900 kg

17

a) 254 g; 910 g; 616 g; 901 g; 959 g
b) 262 kg; 43 kg; 1115 kg; 111 kg; 10 kg
c) 10 kg 10 g

18
a) 1500 g; 120 t; 135 kg b) 75 kg; 625 kg; 200 (!)

19
a) 77 kg   c) 53 kg mehr

20
a) 355 kg   b) 175 g

21
9 kg 135 g

22
a) g/kg   b) kg/g   c) g(kg)/kg(t)
d) kg/g   e) g(kg)/kg(t)

23
a) 8675 g
b) Beispiel: 5 kg Waschmittel, 2 kg Roggenmehl, 1,5 kg Brot und 150 g Wurst für einen.

24
a) 70 Tage   b) 260 Säcke

25
32,3 kg weniger als der Weltrekord

Seite 171

26
170 kg

27
12 Kisten

28 *
a) 1360 t   b) 2044 t   c) 9 t

29
Zweiersystem — Wiederholung oder Anwendung
7 g =   4 g +   2 g + 1 g
34 g = 32 g +   2 g
65 g = 64 g +   1 g
99 g = 64 g + 32 g + 2 g + 1 g
154 g = 128 g + 16 g + 8 g + 2 g
230 g = 128 g + 64 g + 32 g + 4 g + 2 g

30 *
a) 65
b) 5 g; 10 g; 15 g; 85 g; 90 g; 95 g; 100 g; 105 g; 110 g; 115 g

Mit den Aufgaben 31−33 kann propädeutisch auf Gleichungen bzw. Gleichungssysteme hingearbeitet werden.

In Aufgabe 31 $x + y = 80$
$y = x + 4$

wird das Einsetzungsverfahren angewendet.

In Aufgabe 32 $x = 1 + \dfrac{x}{2}$

eine Gleichung mit der Variablen auf verschiedenen Seiten und einem für Schüler doch sehr verblüffenden Ergebnis (2 kg).

Auch Aufgabe 33 läßt sich durch ein lineares Gleichungssystem aufbereiten

$P = H + S$ (1)   Pony, Hund, Seebär
$2P + S = 8H$ (2)

(1) in (2):

$2H + 2S + S = 8H$ (3)
$S = 2H$ (3')

(3') in (1):

$P = H + 2H$
$P = 3H$

oder:

(1) + (2):

$2P + S + P = 9H + S$
$3P = 9H$
$P = 3H$

31 *
Marion wiegt 38 kg, Frederic wiegt 42 kg.

Zuordnungen   171–174

32 ✷
2000 g

33 ✷
3 Hunde

34 ✷
Vom ersten Stapel 1 Münze; vom zweiten Stapel 2 Münzen usw.
Beispiel: Bei 7 g Gewicht zuviel, sind die Münzen im siebten Stapel gefälscht.

6 Zuordnungen

Seite 172

1
600 km; 60 km

2
1,95 DM; 1,90 DM

3
225 min (450 min; 675 min; 1350 min) oder 3 h 45 min (7 h 30 min; 11 h 15 min; 22 h 30 min)

4
24 DM

Seite 173

5
16 km (32 km; 64 km)

6
62 DM

7
25 000 000 m

8
a) 63,20 DM
b) 78,40 DM
c) 151,20 DM

9
a) 1500 m   b) theoretisch etwa $12\frac{1}{2}$ min für 1500 m (WR: etwa 14 min)

10
a) 1680 kg   b) 18.12 Uhr

11
a) 5000 Stück
b) 200 000 Stück

DM	10	100	1000	10000
Münzen	2	20	200	2000

c) 2000 kg = 2 t

12
a) 100 000 Tütchen   b) 99 000 DM! (etwa 4fach)

Seite 174

13
a) 3 Pf   b) 90 DM

14
a) ... 15 Stück   6,75 DM

15
a) 2,30; 5,75; 11,50   b) 17; 3; 187
c) 1,90; 4,75; 7,60   d) 15; 150; 7,5
e) 45 000; 88 200; 92 880 f) 34; 5; 9520

16
a) 6,6; 39,6; 26,4; 1,65; 3,96; 330; 504,9
b) 28; 56; 0,42; 16,24; 2,60

17

a) 6,40 DM; (5 + 1) 8,60 DM; (4 · 5) 28 DM; (5 + 25) 40 DM; (2 · 25) 66 DM; (2 · 25 + 2 · 5) 80 DM
b) (2 · 25 + 4 · 5 + 2 · 1) 97,20 DM besser 75 kg (3 · 25) für 99 DM

18

Sinnvoll: c) für 3 und 12 Maurer; d); g)

7 Vermischte Aufgaben

Seite 175

1

Siehe Schülerbuch, Seite 216.

2

a) 7 H; 9 H; 10 H; 17 H; 99 H
b) 330 H; 4300 H; 70707 H; 220 H

3

a) 15; 30; 27; 81; 243
b) 120; 300; 1200; 3000

4

a) 8000 Schrauben   b) 40 Kästchen

5

608 Figuren

6

a) 4200 Flaschen   b) 185 Kisten   c) 75,40 DM

7

505 Pf; 5050 Pf; 5005 Pf; 555 Pf; 505 Pf; 5050 Pf; 5005 Pf

8

Beispiel: 2mal 10 DM oder 1mal 10 DM und 5mal 2 DM

9

a) 2 DM und 5 Pf
b) 20 DM und 10 DM und 5 DM und 2 DM und 4mal 10 Pf und 2 Pf und 1 Pf
c) 500 DM und 50 DM und 10 DM und 2 DM und 1 DM und 50 Pf und 4mal 10 Pf.

10

2675,40 DM

11

10,75 DM

Seite 176

12

221,40 DM

13

a) 220 Pf   b) 440000 DM   c) je 62500 Stück

14

a) 20 Stück   b) 6 Stück

15

400 Stück

16

160 Pf = 1,60 DM

18

7.10 Uhr

Vermischte Aufgaben   *176–177*

19
a) 3 h 10 min   b) 4 h 26 min
c) reine Zugfahrzeit, ja

20
8760 h; 43 200 min; 86 400 s

21
83 Tage; 25. Juni

Seite 177

22
a) 3 min   b) 2 min

23
a) Frieda   b) 32 Tage
c) 31 Tage   d) 63 Tage

24
a) Hundertstelsekunden
b) (100 m) $\frac{13}{100}$; $\frac{4}{100}$
   (400 m) $\frac{11}{100}$; $\frac{62}{100}$
   (10000) 1 s $\frac{14}{100}$; 2 s $\frac{32}{100}$
c) Zielfoto

25 ✶
a) 450000 DM   b) 22 h 13 min 20 s
c) 14250 DM

26 ✶
a) 72000 Tropfen   b) 252 Liter
c) ja (78 Liter zuviel)   d) 52 560 000 Liter
                              für 294 336 DM

27
a) Blauwal, Elefant, Nilpferd, Walroß, Schildkröte und Grizzly, Elch, Strauß
b) 185 t   c) 71 Nilpferde   d) 31 Strauße

Thema: Flughafen

In einer dem Alltag einer Familie entnommenen und in sich abgeschlossenen Geschichte — Urlaubs- und Geschäftsreisen in Europa — wird nochmals der Sinn des Rechnens mit Größen aus dem vorangegangenen Kapitel verdeutlicht.

Seite 178

1

Bremen – Amsterdam: ca. 300 km
Bremen – Palma de Mallorca: ca. 1600 km

2

13 min

3

a) 8.10 Uhr
b) 50 min

4

35 min; 50 min; 30 min

5

a) 25 min.
b) 1 h; aus London
c) nein; Das Flugzeug aus Frankfurt kommt 15 min später.

Bei der Umrechnung von DM-Beträgen in ausländische Währungen — Aufg. 6, 7, 8 — ist zu berücksichtigen, daß die Banken für den Verkauf und den Ankauf von Währungen unterschiedliche Kurse festsetzen.

Seite 179

6

50000 Ptas
(830,00 DM : 1,66 = 500;
500 · 100 Ptas = 50000 Ptas)

7

38,25 DM
(2500 Ptas : 100 Ptas = 25; 25 · 1,53 DM = 38,25 DM)

8

359,60 DM
(400 hfl : 100 hfl = 4;
4 · 89,90 DM = 359,60 DM)

9

a) 14.55 Uhr   b) 13.55 Uhr

10

146 DM
(38,2 kg − 20 kg = 18,2 kg.
18,2 kg · 8 DM/kg = 145,60 DM)

Normalerweise werden pro angefangenes Kilo 8 DM berechnet. Die Rechnung lautet dann:
39 kg − 20 kg = 19 kg
19 kg · 8 DM = 156 DM
Hier muß nicht mehr gerundet werden.

11

nein; 2,15 DM fehlen (Oma zahlt den Rest)
(4,50 DM + 7,00 DM + 2 · 7,50 DM + 6,00 DM
+ 2 · 2,70 DM + 2,50 DM = 40,40 DM)

IX Länge. Flächeninhalt. Rauminhalt

Gerade der geschichtliche Aspekt bezüglich der Maßeinheiten ist für Kinder dieser Altersstufe sehr interessant und läßt die Festlegungen als gerecht und notwendig erscheinen. Besonders interessant für die Schüler sind die Vergleiche der verschiedenen Maße in Baden, Bayern, Württemberg.

	1 Fuß	1 Elle	1 Meile
Baden	30 cm	60 cm	8,88 km
Bayern	29 cm	83 cm	7,42 km
Württemberg	29 cm	61 cm	7,45 km

Wegweiser in Baden zeigten andere Angaben als in Württemberg, obwohl es sich um dieselbe Strecke handelte.
Auch das Problem der Umwandlung kann bei den Längenmaßen schon angesprochen werden.

	1 Morgen	1 Quadratrute
Baden	36,0 a	—
Bayern	34,07 a	—
Hannover	26,2 a	—
Preußen	25,53 a	14,2 m^2
Sachsen	27,67 a	18,447 m^2
Württemberg	31,5 a	—

1 Längen

Seite 182

In der Collage sind die verschiedenen Längeneinheiten beispielhaft dargestellt.
Das Vorstellungsvermögen der Kinder muß gerade in diesem Alter immer wieder geschult und durch entsprechende Beispiele veranschaulicht werden.

1 mm Bleistiftmine
1 cm lange Fliege
1 dm lange Maus
1 m langer Schritt
1 km lange Brücke

Ergänzend zu diesen Beispielen sollten aus der Umgebung der Schüler immer wieder Gegenstände mit entsprechenden Längenangaben ergänzt werden.
Die im täglichen Gebrauch ungewöhnlichen Maßeinheiten Hektometer und Dekameter sollen den Schüler nochmals auf den „Sprung" von m zu km aufmerksam machen.

Seite 183

6

mm (cm); cm; m; m (cm); cm (mm); km; km

7

a) 50 mm; 200 mm; 38 mm; 4000 mm; 110 mm; 78 mm; 340 mm; 2002 mm
b) 80 cm; 2 cm; 26 cm; 480 cm; 340 cm; 25 cm; 105 cm
c) 6 m; 4 m; 2000 m; 30 m; 45 m; 2800 m; 900 m; 2080 m

8

a) 506 cm; 48 cm; 578 dm
b) 5987 m; 6075 m; 2008 m
c) 2608 cm; 40040 cm; 32800 m
d) 304 mm; 403 mm; 3004 mm

Seite 184

9

a) 2,8 m; 5,7 cm
b) 12,40 m; 8,5 dm
c) 3,050 km; 7,07 m

10

a) 36 mm; 42 dm; 6500 m (= 65 hm)
b) 268 cm; 405 mm; 19020 m
c) 13512 cm; 84 cm; 321 m

11

a) cm b) 1208 c) dm/cm
d) m/dm e) 8,7 f) 480
g) 76,8 h) 2380

12

a) = b) <
c) > d) <
e) = f) =

13

a) 4,06 m; 4 m 6 dm; 466 cm
b) 1 km 3 m; 1030 m; 10 km 30 m
c) 0,85 m; 8 dm 50 cm; 85 dm
d) 1,21 dm; 1,12 m; 1 m 2 dm
e) 4 m 44 dm; 40 m 4 dm; 44,44 m

14

1. Frank   2,64 m   4. Elise   2,58 m
2. Anke   2,63 m   5. Bernd   2,46 m
3. Christa 2,62 m   6. Daniel 2,00 m

15

173 cm 7 mm

16

1360 m

Umfang

17
a) 8 Bahnen   b) 30 Bahnen

18
153 000 km = 153 000 000 m

19
1406 Stück

20
197 km 600 m

21
390 km 600 m (er muß hin und zurück)

22
Max 153 cm; Moritz 159 cm

2 Umfang

Seite 185

1
Hinweis auf Wehrgänge z. B. in Nördlingen (Abbildung)

Seite 186

4
a) 9,1 cm   b) 10,2 cm
c) 12,5 cm   d) 14,9 cm

5
a) 15,3 LE (Längeneinheiten)
b) 18 LE
c) 18,8 LE

6
18 cm | 64 cm | 760 cm | 33 cm | 72 m 8 dm

7
Beispiele:

Länge	9 cm	6 cm	5 cm	9,9 cm
Breite	1 cm	4 cm	5 cm	1 mm

8
Seitenlänge mal 4; Länge und Breite sind gleich

9
238 m

10
936 cm

11
24 K   20 K   verschiedene Flächen
20 K   20 K   gleiche Umfänge

12 ✳
a) 8 cm und 4 cm
b) 9 cm und 3 cm

13
450 m; 450 m; 450 m

Streichholzfigur
Hier sollten die Schüler selbst Figuren legen, auch mit mehr Streichhölzern. Dieses Thema kann geschickt nach der Behandlung von Flächen nochmals aufgenommen werden. Dann sind Vergleiche der Flächeninhalte von umfanggleichen Streichholzfiguren möglich. Die Berechnung schwieriger Figuren kann durch Auszählen auf kariertem Papier ersetzt werden. Auch für die höheren Klassen kann hier Vorarbeit geleistet werden.

3 Flächen messen

Seite 187

1
Teile ausschneiden lassen

3
34 K; 36 K; 24 K

4
60 HK; 56 HK; 40 HK

Seite 188

5
14 voll; 16 leer

6
links 46 K; rechts 45 K; Ergebnis: Die Terrasse im Westen ist um 1 K größer.

7
Nagelbretter mit Schülerinnen und Schülern anfertigen (evtl. Hausaufgaben; Projekt: Zusammenarbeit mit dem Techniklehrer)

8
Kontrolle durch Kästchenzählen

9
a) 64 △   b) 62 △   c) 70 △
   32 □   31 □   35 □
   16 ▭   15 ▭ 1 ▭   17 ▭ 1 ▭

10
26 K; 24 K; 23 K (evtl. zuerst schätzen lassen)

11 ✳
b) 2 K; 8 K; 18 K

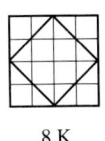

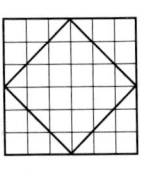

c) jeweils das halbe Quadrat aus b)

12
a) 4 K; 12 K;   4 × 8 Rechtecke   16 K

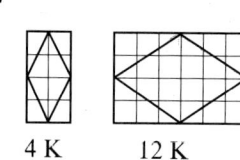

b) 2 K; 8 K;   Beispiele entspr. 18 K

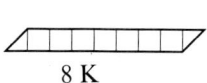

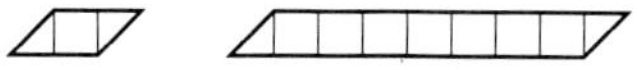

4 Flächeneinheiten

Seite 189

Entsprechend zu den Längeneinheiten werden in der Collage Beispiele zur Veranschaulichung der einzelnen Flächeneinheiten gegeben.

1 mm² Stecknadelkopf
1 cm² Schreibmaschinentaste
1 dm² Handfläche
1 m²   Regenschirm
1 a   Tennisspielfeld
1 ha   Fußballplatz
1 km² Stadtkern (Nördlingen)

Das Auslegen von Flächen und Einheitsquadraten 1 cm², 1 dm² oder 1 m² verbessert beim Schüler das Vorstellungsvermögen. Auf dem Schulhof läßt sich 1 a aufzeichnen und auch evtl. in m²-Einheiten aufteilen.

Flächeneinheiten

Seite 190

3

Wandtafel	2 m²	Paßbild	16 cm²
Fußballplatz	1 ha	Klassenzimmer	40 m²
Briefmarke	6 cm²	Heft	6 dm²

4
a) cm² b) ha
c) km² d) dm²
e) m²   f) cm² (mm²)

5
a) 400 dm²; 1200 mm²; 700 a; 12 500 cm²
b) 2000 mm²; 40 600 m²; 9900 a; 10 300 ha
c) 625 a; 2341 dm²; 980 mm²

6
a) 2 m² 75 dm²   b) 7 dm² 98 cm²
c) 1 km² 70 ha   d) 58 a 70 m²
e) 65 ha 30 a   f) 9 km² 99 ha
g) 950 km²   h) 90 a 9 m²

7
a) 1200 m²; 4 m²; 25 000 m²; 90 000 m²; 340 m²; 10 500 m²; 120 502 m²
b) 400 cm²; 50 000 cm2; 9 cm²; 533 cm²; 103 400 cm²; 505 cm²
c) 500 dm²; 60 000 dm²; 5 dm²; 615 dm²; 1203 dm²; 808 dm²

8
a) 1245 m²; 930 ha; 214 dm²
b) 2712 a; 1005 cm²; 808 mm²
c) 7001 ha; 20 002 m²; 10 001 cm²

Seite 191

9
a) >   b) <   c) >
d) >   e) =   f) >

10
a) 0,5 m²; 0,05 m²; 5,05 m²
b) 1,2 dm²; 0,7 dm²; 4,04 dm²
c) 0,04 km²; 0,40 km²; 3,6 km²
d) 0,97 a; 4,50 a; 10,70 a
e) 4,40 m²; 4,04 m²; 4,0040 m²
f) 60,60 a; 60,06 a; 6,60 a

11
a) 150 dm²; 1270 dm²; 35 065 dm²
b) 170 m²; 650 m²; 712 m²
c) 670 mm²; 505 mm²; 5050 mm²
d) 150 cm²; 705 cm²; 642 cm²
e) 125 680 cm²; 1250 dm²; 36 750 mm²
f) 5050 cm²; 67 150 m²; $6\frac{1}{2}$ mm² (!)

12
a) m²   b) 50 cm²   c) a; m²
d) km²; 1; 50   e) 1 500 000

13
a) 21 cm² 61 mm²   b) 46 a 99 m²
c) 47 m² 2 dm²   d) 109 km² 8 ha

14
a) 1164 dm²   b) 1 dm² 65 cm²
c) 13 cm² 37 mm²   d) 5 ha 63 a = 563 a

15 *
a) 10 dm²; 99 dm²; 63 dm²; 98 dm²; 49 dm² 50 cm²
b) 64 a; 99 a; 96 a; 69 a 60 m²; 99 a 99 m²; 98 a 90 m²
c) 75 cm²; 9 cm²; 97 cm² 91 mm²; 99 cm² 90 mm²

16
	a)	b)	c)
	70 m²	8 ha	30
	216 cm²	30 m²	20
	198 ha	15 dm²	6

17
a) 21 m² 75 dm²;   80 dm² 40 cm²
b) 18 ha 5 a 94 m²;   25 cm² 75 mm²
c) 1 ha 60 a;   16
d) 3;   44

18
a) 95,7 cm²; 156,8 dm²
b) 253,05 a; 5,06 ha
c) 21,08 a; 3,8 km²

19
a) 1 Mio. cm² = 10000 dm² = 100 m² = 1 a
b) Das Grundstück ist fünfmal so groß.

20
a) 81 m²
b) 393 m² = 3 a 93 m² ungefähr 4 a

Seite 192

21
40,2 m² oder 41 m²

22
3 a 65 m² 50 dm² ≈ 3 a 66 mm²

23
101 m² 80 dm² ≈ 102 m²

24
15 ha 43 a

25
495 m²

26
317 a 30 m²

27
52 Fliesen

28 ✳
5 a 7 m² 50 dm² ≈ 5 a 8 m²

29 ✳
a) 227250 DM   b) etwa 330 DM

30 ✳
160800 DM

31
250 kg pro a; 270 kg pro a
die zweite Sorte war ertragreicher.

5 Flächeninhalt des Rechtecks

Seite 193

1
35

4
a) ungefähr 6 m² (5,6 m²)
b) mit einer Zeitung durchführen

Seite 194

5
a) 77 cm²   b) 544 m²
c) 140 dm²   d) 72 cm²
e) 4 m² 55 dm²   f) 28 dm² 81 cm²

7
a) 20 m   b) 9 cm
c) 10 m   d) 500 m

Rauminhalt des Quaders

8
40 a 50 m² und 108 a

9
39 a

Bei Flächen, die aus verschiedenen Rechtecken zusammengesetzt sind, kann der Lehrer oder die Lehrerin Tips zur Zerlegung geben. Auch die verschiedenen Möglichkeiten bei der Zerlegung sind für Schülerinnen und Schüler interessant.

10 * ✏
674 m² (Jürgens)
764 m² (Maurer)

11 * ✏
834 Steine (aufrunden)

12
A: 140 DM
B: etwa 130 DM (130,48 DM)
C: 100 DM

13
Beispiele für Flächen, welche 1 ha groß sind.
1 ha = 10000 m²

6 Oberfläche des Quaders

Seite 195

1
Er benötigt folgende Rechtecksflächen:
2 Stück: 60 × 40 mm; 60 × 15 mm; 40 × 15 mm (insgesamt 78 cm²)

4
a) 792 cm²   b) 9422 m²
c) 10496 m² d) 2270 dm²

Seite 196

5
870 cm²   2316 cm²
810 cm²

6
für beide 1332 cm²; derselbe Quader

7 *
108 m² (Deckfläche fehlt)

8 *
Beispiel: 6 cm, 6 cm, 2 cm

9 *
3 m; 6 dm; 10 cm

10
224 cm²

11 ✏
a) 340 cm²; 184 cm²; 76 cm²
b) 11060 cm² = 110 dm² 60 cm² = 1 m² 10 dm² 60 cm²
c) für die 30 Klötze

12
a) alle Kanten sind gleich lang
b) 6 cm²; 24 cm²; 54 cm²; 96 cm²

13 *
a) 10 cm   b) 5 cm   c) 6 cm

14 ✳
a) 62 cm² 8 mm²
b) (Kantenlängen in Klammern)
10960 mm² (52, 14, 72)
11408 mm² (104, 14, 36)
8672 mm² (52, 28, 36)

15 ✳ ✏
600 cm²; 1000 cm²; 1400 cm²; ...
günstig bei 4 oder 8 Würfeln
bei 4 Würfeln: 1600 cm² anstatt 1800 cm²
bei 8 Würfeln: 2400 cm² anstatt 3400 cm²
(Würfel)   (quadr. Säule)

7 Rauminhalte messen

Seite 197

1
Man füllt eines der Gläser und gießt diesen Inhalt in das andere Glas um. Nun kann man feststellen, in welches der Gläser mehr hineinpaßt.

3
7 W; 8 W; 7 W

4
alle gleich

Seite 198

5
a) 23   b) 40

6 ✳
a) 32 W   b) 34 W   c) 45 W   d) 34 W

7 ✳
a) 18 W   b) 19 W   c) 32 W   d) 42 W

8 ✳
d) wurde fehlerhaft halbiert.

8 Raumeinheiten

Seite 199

Besonders schwierig und auch neu ist der Umgang und die Vorstellung von Raumeinheiten für Schülerinnen und Schüler in Klasse 5. Neben den veranschaulichenden Beispielen der Collage —
1 mm³ Streichholzkopf   1 dm³ Margarinewürfel
1 cm³ Würfel   1 m³ Laufstall
— müssen hier Versuche mit Wasser und Modelle von Würfeln verschiedener Größe stehen.

Seite 200

2
m³; l; ml; ml; cm³

4
a) 3 cm³; 17 cm³; 5000 cm³
b) 5000 dm³; 45 dm³; 3005 dm³
c) 605 l; 3000 l; 75 l
d) 13000 ml; 4550 ml; 2030 ml

5
a) 4,5 m³; 7,8 m³; 2,050 m³
b) 66,840 dm³; 2002,002 dm³
c) 1030 cm³; 325,4 cm³
d) 5,3 l; 4,005 l

Rauminhalte messen

6
a) 2452 cm³   b) 90864 mm³
c) 7064 dm³   d) 40280 mm³
e) 112050 dm³   f) 5300 cm³

7
a) 5,325 m³ = 5325 dm³; 2,470 dm³ = 2470 cm³;
1,400 m³ = 1400 dm³
b) 2,038 dm³ = 2038 cm³; 4,040 cm³ = 4040 mm³;
77,008 m³ = 77008 dm³
c) 36,850 m³ = 38850 l; 4,032 m³ = 4032 l;
11,015 l = 11015 cm³

8
a) >   b) =
c) >   d) =
e) <   f) >

9
a) >   b) <
c) =   d) =
e) <

10
a) 3186 cm³   b) 2414 cm³
c) 12580 dm³   d) 2522 l
e) 4624 cm³   f) 29595 cm³; 19980 cm³
g) 7750 dm³; 9400 cm³

11
a) 500 cm³   b) 163 ml
c) 901 cm³   d) 699 cm³ 880 mm³
e) 987 cm³ 980 mm³   f) 200 ml

12
a) 150 cm³   b) 50 l   c) 13
   84 l   500 mm³   50
   480 dm³   20 ml   11

13
a) 41600 dm³; 20400 cm³   b) 61500 ml; 120240 mm³
c) 500 cm³; 400 ml   d) 101 dm³; 8003 cm³
e) 2002

14
a) 29,750 m³; 76,800 cm³
b) 60,660 l; 12,05 l
c) 1,816 dm³; 3630

Seite 201

15
a) 2500 l; 80000 l; 1200 l; 70000 l
b) 12 hl; 4500 hl; 30 hl

16
a) 1000 g = 1 kg   b) 1000 kg = 1 t
c) 10 kg   d) 100 kg
e) 1 dm³   f) 1 m³

17 ✴
a) 9100 hl   b) 332150 m³
c) 1103,76 DM (gerundet 1101,60 DM)
d) 18487,98 DM

18
42 Gläser

19 ✴
(1 km³ = 1000000000 m³)
Bei 7500 m³ dauert es 6600000 s ≈ 76 ½ Tage
(6600000 s = 110000 min = 1833 h 20 min
= 76 d 9 h 20 min).
Bei 250 m³ dauert es 198000000 s ≈ 2300 Tage oder
6 Jahre (198000000 s = 3300000 min = 55000 h
= 2291 d 16 h).

20 ✴
a) 100000 m³
b) 2500 LKWs
c) etwa 146 Mio. m³ (145,8 Mio. m³)

9 Rauminhalt des Quaders

Seite 202

1
6 verschiedene

2
16; 30; 30

Seite 203

5
a) 192 cm³ b) 525 m³ c) 800 dm³
d) 7920 mm³ e) 1 201 200 cm³

6
a) 252 cm³ b) 4 cm c) 6 m
d) 4 dm e) 10 cm

7
a) 432 cm³ b) 6750 m³
c) 37 500 cm³ d) 15 cm³

8
alle Kanten gleich lang
216 cm³; 13 824 dm³; 5832 dm³; 42 875 cm³

9
a) verdoppelt b) halbiert
c) der vierte Teil d) gleich

10
a) achtfach b) der achte Teil

11
a) 72 l
b) 576 l; achtfaches Volumen

12
a) 144 m³ b) 48 m³

13
a) 360 m³ b) 72mal c) 864 t

14
Körper, die aus verschiedenen Quadern zusammengesetzt sind, können mit einem entsprechenden Hinweis durch den Lehrer leicht berechnet werden. Das Wiederholen von der Flächenzerlegung in Rechtecke (siehe Schülerbuch, S. 181, Aufgabe Nr. 10) kann als Anregung schon genügen.

62 400 dm³; 56 875 dm³

Seite 204

15
252mal

Aufgaben 16 – 18: Auf die Frage des Rundens eingehen.

16
4mal

17
315 l

18
63 Säcke

19 *
a) 2 500 000 l b) 4750 DM c) 8 cm

20
a) 3 mm Höhe auf 1 m² Fläche b) 3 l c) 23 l

Vermischte Aufgaben

21
Nein, es steht 55 cm hoch.

22 ✴
(1 km² = 1 000 000 m²) etwa 50 000 000 000 m³
(49 588 000 000 m³)

23 ✴
a) etwa 3 Mrd. m³   b) etwa 8 m

Die Dichte von Wasser ist von der Temperatur abhängig. Bei 0 °C hat Wasser eine höhere Dichte als Eis (ungefähr 0,92 g/cm³). Mit diesem Phänomen läßt sich erklären, daß Eisberge im Wasser schwimmen. Seine größte Dichte hat Wasser bei 4 °C.

10 Vermischte Aufgaben

Seite 205

1
Länge eines Strohhalms: 2 dm 4 cm
Dicke einer Münze: 1 mm
Höhe des Ulmer Münsters: 161 m
Länge eines Autos: 4 m
Höhe einer Buchseite: 37 cm
Länge des Rheins: 1360 km
Länge eines Marienkäfers: 5 mm
Länge eines Spazierstocks: 6 dm
Länge eines Streichholzes: 4 cm 5 mm

2
d = 2,5 cm; e = 2,6 cm; b = 5,7 cm;
a = 6,4 cm; c = 6,8 cm

3
a) >   b) =
c) <   d) >
e) <   f) <   g) <

4
a) 280 cm   b) 60 cm
c) 5 cm 6 mm   d) 2 m 2 dm
e) 625 dm = 62 m 5 dm   f) 343 cm
g) 9 cm   h) 500 m

5
1,11 km

6
3 m; 120 cm; 4 dm; 27 mm

7
32 cm; 60 cm

8
a) 15 cm   b) 12 cm   c) 10 cm   d) 5 cm

9
a) verdoppelt (56 cm)   b) halbiert (14 cm)
c) 40 cm oder 44 cm   d) 20 cm oder 22 cm
e) 38 cm oder 32 cm

10 ✴

Seite 206

11
A: 24 m²   B: 12 m²   C: 24 m²
D: 8 m²   E: 24 m²   F: 8 m²
10 · 10 = 100 (großes Quadrat)

12
a) 152 320 DM   b) Ja, es kostet 249 400 DM

Vermischte Aufgaben

13 ✻

Schlafzimmer: 24,75 m²
Bad: 12 m²
Kinderzimmer: 16,5 m²

Wohnzimmer: 29,25 m²
Arbeitszimmer: 13,5 m²
Küche: 13,50 m²

Flur: 16,5 m² (126,00 m² − 109,50 m²)

Verpackungen

Mit diesem kleinen Projekt können unterschiedliche Aspekte aus verschiedenen Fächern angesprochen werden. Der Zusammenhang zwischen Rauminhalt und verbrauchtem Kartonmaterial kann in Hinblick auf die Verpackungsmittelproblematik untersucht werden. Wer kann aus dem vorgegebenen Quadrat die Schachtel mit dem größten Rauminhalt herstellen? Welche Schachtel sieht am größten aus? Gesichtspunkte der Werbung können untersucht werden.

Die Optimierungsprobleme, die hier in handelnder und spielerischer Form erarbeitet werden, können in den Klassen 8 und 9 wieder aufgegriffen werden.

Auch eine algebraische Aufbereitung bietet sich an, wenn man für die Zeilenlänge des Quadrats, das abgeschnitten wird, x setzt, ergibt sich für den Rauminhalt der Schachtel

$V = (18 - x)^2 \cdot x$
$V = (324 - 36x + x^2) \cdot x$

Seitenlänge	1 cm	2 cm	3 cm	4 cm	5 cm	6 cm
Rauminhalt	256 cm³	392 cm³	432 cm³	400 cm³	320 cm³	216 cm³

17

a) 1. Quader 120 m³; 148 m²
2. Quader 120 m³; 158 m²

b) gleiches Volumen, verschiedene Oberflächen

18 ✻

a) 2808

b) 324 (die 2,60 m können nicht ganz genutzt werden)

19

a) Nein, es sind 10 500 l nötig.

b) 1500 l   c) 21 DM

20

252 cm³; 180 dm³; 18 000 mm³ (Vorbereitung auf Kl. 7)

Seite 207

14

a) 100 m²   b) 12,5 t

15 ✻

a) 12 m² 16 dm²   b) etwa 30 m² (29 m² 53 dm²)

16 ✻

10 cm; 16 cm; 8 cm; 2 cm (Vorbereitung auf Kl. 7)

Thema: Das neue Zimmer

Thema: Das neue Zimmer

Seite 208

1
a) 4 m Länge, 3 m Breite
b) Tür: 80 cm
   Fenster: 2 m
c) Bett: 2 m × 1 m
   Schrank: 2,50 m × 0,50 m
   Schreibtisch: 1,50 m × 0,75 m

2
12 m²

3
13,20 m

4
mind. 30 Schrauben (13,20 m : 0,40 m)

Müssen Leisten aneinandergesetzt werden (z. B. bei der Fensterwand) oder werden Längen benötigt, die kein Vielfaches von 40 cm aufweisen, sind zusätzliche Schrauben notwendig. Pfiffige Kinder könnten die benötigten Leistenlängen im Maßstab 1:50 – schwieriger 1:20 – aufzeichnen und daran die Verteilung der Schrauben planen.

5
29 m²

Seite 209

6
a) Benötigte Menge: 13,20 m (siehe Aufg. 3)
mögliche Überlegungen der Schülerinnen und Schüler:

Anzahl der 2,50 m-Leisten	Anzahl der 3,00 m-Leisten	Gesamt- länge	Abfall
6	0	15,00 m	1,80 m
5	1	15,50 m	2,30 m
4	2	16,00 m	2,80 m
3	2	13,50 m	0,30 m
2	3	14,00 m	0,80 m
1	4	14,50 m	1,30 m
0	5	15,00 m	1,80 m

b) 40,80 DM (3 · 7,10 DM + 2 · 9,75 DM)

7
a) 15 m²
b) 2 Rollen (vergl. Aufg. 5)
c) 31,00 DM

8
a) 70 m² (12 m² Decke + 2 · 29 m² Wände)
b) 47,80 DM
(je ein 10 l- und ein 2,5 l-Eimer, wenn jeweils die max. mögliche m²-Zahl (75 m²) berücksichtigt wird)
56,25 DM
(je ein 10 l- und ein 5 l-Eimer, wenn jeweils die mittlere mögliche m²-Zahl (55 m² + 27,5 m²) berücksichtigt wird; dann wäre allerdings ein 15 l-Eimer zu 51,95 DM preislich günstiger, aber – was passiert mit der restlichen Farbe?)

9

a) Die Schülerinnen und Schüler können hier anhand der Kästchenstruktur in ihrem Arbeitsheft (6 Kästchen × 3 Kästchen) die 10 Korkplatten parkettieren. In einer anderen Farbe könnten die Poster (4 Kästchen × 3 Kästchen) eingezeichnet werden. Bei der besten Lösung – es gibt mehrere – bleibt kein Freiraum.

b) 60 cm · 30 cm = 1800 cm² pro Platte,
1800 cm² · 10 = 18000 cm² f. d. Pinnwand;
40 cm · 30 cm = 1200 cm² pro Poster,
18000 cm² : 1200 cm² = 15 Poster

c) 21,00 DM

10

Material	Kosten
Schrauben	7,50 DM
Fußleisten	40,80 DM
Tapeten	31,00 DM
Teppichboden	440,00 DM
Farbe	47,80 DM
Korkplatten	21,00 DM
zusammen	588,10 DM